CCF
中国教练联盟核心能力解读

通用能力版

FDCL五维教练团 © 著

中国法制出版社
CHINA LEGAL PUBLISHING HOUSE

撰稿人简介

陈序，CCF中国教练联盟主席，51coach智遇创始人，迈士顿教练大学创始人，五维教练领导力®创始导师，MILESTONE交叉创新思维©创始导师，CCF中国教练联盟认证的资深级教练。开发版权课程“五维教练领导力®”“MILESTONE交叉创新思维”，以及线上版权课程“陈序说教练领导力”。超过15年的教练从业经验，至今培养认证教练和认证讲师4000多位，为数百家企业提供成熟、有效的教练流程。

高平，CCF中国教练联盟认证专家，51coach智遇联合创始人，爱分享公益教练社创始人。曾认证ICF PCC专业教练、Strengths Partnership优势教练、L-CON Global教练辅导导师，曾签约CCL创新领导力中心、伟事达私董等全球人才发展机构，拥有24年领导力发展领域耕耘，含10年为企业提供高管教练、训练企业内部教练经验；7年公益+教练领域践行；2000以上教练小时，训练与督导300多位职业教练、公益教练。

刘鸿雁，CCF中国教练联盟认证中级教练，51coach智遇联合创始人，中国企业人才发展智库专家，中国人才发展菁英奖杰出人物，4D领导力首席应用专家。20多年团队管理经验，拥有7年企业中高管教练项目经验，为30多家上市公司及大型企业提供领导力培训及教练服务，其领导力项目助力企业绩效的成功案例多次被知名媒体报道。2019~2020年连续两年荣获中国人才发展菁英奖，2020年荣获中国企业教育百强创新结果奖及中国企业教育巨擘奖。

陈丽云，ICF国际教练联盟认证专业级教练（PCC）、ICF国际教练联盟进化教练、CCF中国教练联盟认证高级教练，CCF中国教练联盟认证考官、CCF中国教练联盟上海社群联合主理人、51coach智遇联合创始人，一束光成长社联合创始人。10多年培训管理经验，6年企业中高管教练项目经验，700以上教练小时，致力于领导力教练、个人成长、教练督导。

王宏伟，CCF中国教练联盟认证中级教练，51coach智遇联合创始人，国际培训学会（ITS）理事，心理咨询师，美国4D领导力认证讲师，NLP执行师，OH卡企业带领师。多年的外企培训管理经历，熟知各种管理风格，擅长一对一领导力教练。教练风格亲和有力，带着爱去挑战、赋能，帮助客户遇见更好的自己，实现精彩人生。曾先后为诸多行业提供培训及教练，累计为企业中高管提供一对一教练服务超过200小时。

杨绍灵，CCF中国教练联盟首批认证中级教练，51coach智遇联合创始人，加一领导力研习社创始人，6秒钟情商组织情商实践家与情商测评顾问，中科院心理咨询师，美国NLP协会高级NLP执行师，美国NASA 4-D领导力系统认证导师和背景转换教练，AACTP美国培训协会注册培训师。结合多年的销售经验以及专业所长，开发有“销售精英核心能力自我测评表”“PCIT说服模型”以及情商教练工具“U型情绪探询”等。致力于教练在销售、情商、领导力、组织发展和变革等领域的运用。

夏婕，CCF中国教练联盟认证中级教练，专业培训讲师、领导力教练，51coach智遇联合创始人。毕业于广东工业大学，从事教育培训21年，人众人教育首席培训师，沙盘认证讲师、国际NLP执行师。曾经为各类企业、EMBA院校、行政机关等提供团队训练、领导力培训、沙盘体验式培训达1500天以上。

张璇，CCF中国教练联盟认证中级教练，51coach智遇联合创始人，五维领导力教练、亲子教练、美国GMT认证讲师、音乐教练。曾服务于国内某百亿级上市公司企业教练项目。近年来教练支持200+亲子话题客户。致力于教练型领导力、个人成长、亲子关系、教练型音乐教学等领域的应用与探索。

高宁，CCF中国教练联盟认证中级教练，ICF准PCC认证教练，教练服务小时数200+、51coach智遇联合创始人。当当网畅销书《掌控力》联合作者，《培训》杂志《前路漫漫寻知音但看初心璀璨》《构建协同作战的营销体系》《做善于识人的领导》等多篇原创文章作者。外企资深HR从业人员，毕业于2所211大学、工商管理硕士、国家一级人力资源管理师、中级经济师。致力于在教练型领导力、个人成长、团队赋能、亲子关系等方面的探索和精进。

孟丽君，CCF中国教练联盟认证中级教练、51coach联合创始人、五维领导力教练、情境领导力认证讲师、美国NASA 4-D领导力系统认证讲师、OH卡企业带领师、企业人力资源管理师。十余年互联网人力资源管理领域经历，在

企业人才评估、发展体系搭建、企业教练项目设计落地等方面具有丰富经验，曾为百亿级上市公司企业教练项目提供长期高管一对一教练。致力于领导力、组织发展、销售管理、个人成长等领域教练探索与实践应用。

赵震涛，51coach智遇联合创始人，领导力教练。时任上海某大型多元化集团组织发展总监。专注于组织变革、团队裂变。拥有超过10年销售训练师、培训师经验，6年以上高管领导力发展实操经验。曾用3年时间从0到1搭建全国13000余人销售团队。常州培训师私董会创始人之一。绩效提升专家。

严玲，ICF国际教练联盟进化教练、51coach智遇联合创始人，五维领导力教练，OH卡教练，NLP高级执行师，CCF中国教练联盟中级教练认证中，擅长中长期目标管理与践行，个人成长与赋能、内在自我探索与觉察等方面。*

* 二维码为撰稿人的个人教练主页二维码或51coach微信公众号二维码。——编者注

出版说明

CCF认证教练的12项核心能力分为两类，通用的（一般教练的能力素质）与额外的（高管教练需具备的能力素质）。本书目前只是前9项能力素质的展示，后面的几项高管教练所需的能力素质会在后续书籍中逐渐完善。

一、通用的：一般教练的能力素质

包括能力1至能力9，关于遵守道德、法律和职业准则确定教练协议和要达成的结果、与客户建立基于信任的关系、自我管理并保持教练同在、有效地沟通、唤起觉察与洞察、设计策略和行动、保持前进动力和评估、致力于持续的教练发展。

这是申请认证中国职业教练（中级、高级、资深教练）需具备的9项核心能力素质，其中能力1至能力8会在申请认证的个案录音里进行评估，能力9在申请认证资料表2《教练持续专业发展记录（CPD）含督导记录》进行评审。

二、额外的：高管教练需具备的能力素质

包括能力10至能力12，关于教练在组织范畴内开展工作、理解领导力方面的问题、以伙伴关系的方式与组织开展工作。

这3个能力项在企业高管教练的范畴里进行评估、评审。

以下是具体的能力项描述。

中国职业教练的12项能力

1.遵守道德、法律和职业准则

1.1 遵循CCF的职业标准及行为守则

1.2 行为符合道德规范和最高标准的诚信

1.3 向所有关联方正向推广教练职业服务

1.4 遵守开展教练服务的所在国及/或客户组织所在国的现行法律，以两者里最适用和最具约束力部分为准绳

1.5 清晰地沟通：教练服务如何有别于其他助人职业

1.6 对职业教练的工作范畴有认知，超出范畴时转介给其他适合的职业人士

2.确定教练协议和要达成的结果

2.1 明确说明教练服务流程及教练本人的教练服务方法、所用模型和技巧

2.2 协助客户确定教练服务的目标和结果，并与客户共识

得出达成此目标与结果的路径

2.3　与客户及所有关联方达成一个正式的教练服务协议，包括明确和可度量的结果、保密度、教练服务各项细节（时长、频次、地点）、作用、突发应变、进度的监测和汇报、商业部分的约定

2.4　确定不同关联方（包括教练和客户）明确的角色、责任和界限

3. 与客户建立基于信任的关系

3.1　带着尊重和自尊，公正、公平地待人

3.2　乐观对待并鼓励客户的自信

3.3　与客户创建高度的和谐，从而构筑一场开放的会谈

3.4　接受客户当下的一切，并相信客户的潜能和能力

3.5　开放、诚实地行事，包括处理会谈、运用自身及个人的反应为客户提供反馈、避免与客户共同纠结在困难上

3.6　信守约定的保密度

4. 自我管理并保持教练同在

4.1　密切地关注客户，全然地处于当下及投入

4.2　始终专注于约定的客户议程和结果

4.3　灵活地行事，同时与自身的教练方式保持一致

4.4　与自身的价值观保持一致，同时尊重客户的价值观

4.5　确保教练所采取的介入行为使客户得到最好结果

5. 有效地沟通

5.1　呈现出有效的倾听、澄清能力、区分说出的与没说出的部分

5.2　使用直接、易懂的语言推动客户迈向约定的结果

5.3　调整自身的沟通风格，反照出客户的需求和结果

5.4　提供相关的信息和反馈，支持客户的学习及目标

5.5　清晰、自信和可信地与客户沟通，启发出更多可能性

5.6　恰当、直接地把听到的、观察到的、感受到的反馈出来，但不执着于自己是对的

6. 唤起觉察与洞察

6.1　提出问题挑战客户的假设、引发新的洞察、唤起客户的自我觉察、获得新认知

6.2　协助扩展客户在某个议题的视角和挑战，来激发出新的可能性

6.3　支持客户产生可选措施，达成约定的结果

6.4　提供相关的观察性反馈，使客户自由地选择是否就此采取行动

6.5　通过提供“此时此地”性反馈，使用教练“自身”作为客户发展自我觉察及新认知的资源

7. 设计策略和行动

7.1　支持客户唤起策略，来达成其结果

7.2 激发客户识别并落实自主导向的学习机会

7.3 使客户在遵循自身的行动计划及承诺时承担其责任

7.4 鼓励客户寻求他人的支持，帮助其达成结果

7.5 当客户尝试新的做法/行为时提供支持

8. 保持前进动力和评估

8.1 保持结果导向的方法

8.2 提出强有力的问题，推动客户朝着约定的结果迈进

8.3 检查并认可客户的进步和达成

8.4 探索什么奏效、存在什么障碍，并挑战缺乏进展的部分

8.5 减少客户对教练的依赖，并发展客户的自我教练能力

8.6 检查客户应用新知识的动力

8.7 衡量教练会谈的有效度

8.8 管理进展，建立承责系统

9. 致力于持续的教练发展

9.1 定期获取客户的反馈

9.2 积极反思教练实践及结果

9.3 针对自己的批判性反思和客户的反馈采取行动，来提升教练实践水平

9.4 参与定期的教练督导来反思、提升和实践

9.5 参与持续的专业发展活动

10. 在组织范畴内开展工作

10.1 理解客户所在组织的范畴（例如，明晰长期愿景、使命、价值观、战略目标、市场/竞争压力等）

10.2 理解客户在组织系统内的角色、职位和权限

10.3 明晰组织系统内的重要关联方（内部和外部）

10.4 校准教练服务的目标，来支持组织的宗旨及目标

10.5 理解教练、客户和组织内部付费方之间的关系

10.6 明晰并配合组织的价值观、政策及惯例，包括人力资源及人员政策与惯例

10.7 采取系统性方法与客户进行教练服务，将多个关联方的复杂性、不同视角的见解、冲突优先项都纳入考量

11. 理解领导力方面的问题

11.1 认识到组织的领导者所面临的挑战

11.2 通过教练服务确定领导力行为和特质的发展方式和机会

11.3 展示与组织领导者们共同工作的知识和经验

11.4 使用适于客户及其组织接受和理解的语言

11.5 建设性地挑战领导者，来提高处于组织关键领域的他/她的水准

11.6 理解领导者的影响力范围

12. 以伙伴关系的方式与组织开展工作

12.1 在组织中发展相关的关系网络和战略性伙伴关系

12.2　在组织的教练服务参数和政策下，与客户、直属上司和教练服务付费方设计出一个有效的教练服务合约、商业合约及工作同盟关系

12.3　积极地促使重要关联方参与教练服务项目的建立、监督和评估，并信守约定的保密度

12.4　开放、诚实地与重要关联方沟通教练服务的进度，并信守约定的保密度

12.5　识别在个人、团队和组织层面为客户提供附加价值的方法

PREFACE | 序一

职业教练之于未来

——教于心，练于行

教练是一项专业的技术，更是一门美妙的艺术，教练的核心价值在于帮助他人达成目标的同时支持了客户的内在成长。因为作用于人心，所以本行业对教练的要求尤其严格，职业教练的道德准则的制定是一件非常严肃的事，认证标准也特别严格。

中国教练联盟（China Coach Federation，CCF）秉着为客户负责的态度，从严格的教练认证标准，到申请表单、教练录音、录音转文字任何一步都不得马虎，让中国的职业教练认证先国际化，再本土化。未来的教练行业一定会细分为商业教练、组织教练、企业教练、生命教练、情感教练、亲子教练、财富教练，等等。但它们都需要一个共性的标准和个性的呈现，CCF将作为一个平台，持续推动认证标准的完善，支持所有中国教练的发展，与教练们共创共建一个健康的生态圈。

CCF终身荣誉主席

李京红

PREFACE | 序二

由"因"入手，践行价值

中国企业正在经历一场管理方式的深刻变革，"教练式领导"作为一种新型管理方式，向以控制、指令为特征的"集权式领导"发出了挑战，现在，企业面对的外部环境更加复杂和不确定，因此更需要强化神经末梢，员工不能仅仅是简单的命令执行者，也应该成为驱动企业向前的发动机，因此企业各级领导者应当以更加平等的态度对待下级员工，激发他们的主动性和创造性。

知识型员工和"90后"甚至"00后"员工所占比例在企业中不断增加，他们有更强的自主意识，在物质回报之外也追求更多的成就感和尊重感，而强调沟通、互动的教练式管理方式，相比于传统管理方式，能取得更好的效果。

随着教练行业在国内的发展，越来越多的个体以及企业领导者开始运用教练的原理和方法为团队赋能，激励组织和个人达成绩效目标。"教练"和"教练思维"会在未来的生活和商业中越来越重要，所以职业教练以及教练型领导者的需求空前巨大。那么，如何培养职业教练？国内有很多的教练机构已经建立了完善的职业教练培养体系，CCF将会承载认证职业教练的重要使命。而这本《CCF中国教练联盟核心能力解读》将会指引更多申请职业认证的教练聚焦核心能力项，提升教练能力。

应该知道，没有完全理想的或完美的教练。认识是个不断提升的过程。我们通过不断地重新评价自己，比如我们知道些什么、我们还需要知道什么来延续我们的教练能力的自我发展进程。本书能够使教练的职业能力不断得到提高和发展，《论语》中说："君子务本，本立而道生。"而在此处我还要加上一句"道生而行正"。教练帮助被教练者看到他自己的"本"，也就是他存在的原因和目的，继而生出他的"道"，然后保证他所作所为的方式和方向正确无偏。"道"是客户内在的素质，同样也是教练内在的素质，本书可以不断地滋养教练内在的"道"。

今天教练行业百家争鸣，代表着教练行业在应用领域的兴起，于是开始产生不同的教练流派，相同之处在于，底层原理都是一致的，都是关于爱、关于人的完整性、关于如何支持客户拿到预期的结果；不同之处在于教练行业开始细分，有企业教练、组织教练、生命教练、领导力教练、绩效教练、商业教练、情商教练等，每个流派研究的方向和垂直对应的领域不同，因而运用的技术手段会有所不同，如果你愿意垂直深耕，在每个流派都能获得属于自己的收获。

教练是一个需要不断学习的行业。新教练可能需要较大的花费来不断地学习，因为教练的学习是一个永不结业的课程，教练这个行业也正在从学习走向应用。我创业至今，一直都在努力尝试通过各种方式如“51coach智遇在线教练预约平台”“五维教练领导力社群”“迈士顿教练大学”“AI智能教练工具”“教练百家讲堂”“中国好教练”以及连续两届“中国千人教练论坛”等去引导更多的人接触教练技术、了解教练技术、深入学习并应用教练技术。

教练始于西方，中国正在走教练本土化的道路，教练支持客户的过程虽然是在一个时间段内发生的，而人的发展却是一生的。教练虽然解决了客户一时的成长问题，但是终究不能解决客户一生的困难，在这样的模式下，人的一生很可能都需要教练来支持自己的成长，中国的传统文化把人看作一个模糊的整体，而生命是一个连续的过程。中医针对的是人，而西医针对的是病。中医从人的根本出发，巩固、提升人的抵抗力，而西医的治疗目标是消除症状，一旦达成目标，就拍拍你的肩膀说，你可以回家了。中医并不单纯治病，治的是一个整体的人，西医治病是从“因”入手，即杀死这种细菌、病毒，或者杀死这个癌细胞，那么中医治病是从哪儿入手的？从“缘”入手，从条件入手，中医认为只要把这个条件切断了，“因”就不会变成“果”，从“缘”入手，从“因”入手，这或许是我们要坚持走本土化道路的原因和价值，也是CCF的价值。

社会的完善离不开有“匠心”的人，比如工匠、程序员、设计师、编剧、作家、艺术家，当然还有我们从事教练工作的人，每一个人都是独立的经济个体，以前每一个“需求”和

“供给”都由企业完成，今后都要由个人完成，未来教练可以独立完成某项任务，也可以依靠协作和组织去执行系统性工程，所以教练行业既需要细枝末节的耕耘者，也需要具备执行浩瀚工程能力的教练组织和教练团队。

过去教练依托固定公司，在固定时间、固定地点重复固定的劳动，属于被动式劳动。未来教练依靠自身特长，点对点地对接和完成每一个需求，未来教练个体会是一种身份和角色，更是一种职业的种类，或依托于平台，或于企业就业，或组建工作室，这些都是未来的发展方向。

2021年注定是不平凡的一年，CCF即将拉开新的序幕、开启新的篇章，中国的教练行业已然成为全球教练事业的重要力量，未来，中国认证职业教练必将惠及整个教练行业。CCF致力于让中国本土教练拥有一个更加健康、蓬勃发展的行业环境，让教练事业充满活力与激情，为个人、企业、组织发展与格局变化输出重要力量。在教练的市场应用方面我们更有信心，以“中国好教练”“中国式教练”为标签的职业教练在不断升级认知，我们一定会让世界听到中国的呐喊：教练行业的未来在中国，点赞中国好教练。

在现实世界里，每一桩伟业都由信心开始；由态度跨出第一步，愿我们一起用百日积淀造就百日辉煌。祝福CCF，祝福每一位中国好教练的同行者。

我们期待更多的人看到本书，走上职业教练的道路，与我们携手同行，我们的使命是“让人人成为教练，支持一亿人活出更好的自己”。特此感谢本书的每一位合著教练，感谢我的两位教练导师郑振佑（Paul Jeong）博士以及汤姆·斯通（Tom Stone），感谢我的教练高平女士，感谢CCF主席李京红女士，感谢我的合伙人Eric和17，感谢FDCL（Five Dimensional Coaching Leadership）五维社群运营官：许照徐、刘婷婷、马令珑、孙媛以及每一位运营人员，感谢所有五维毕业生，感谢每一位51coach智遇联合创始人，你们都是我的筑梦使者。

CCF主席

51coach智遇创始人

陈序

*

* 此为51coach智遇微信公众号二维码。——编者注

PREFACE | 序三

解读标准，携手前行

2020年是里程碑式的一年，CCF在创办两年后于2020年9月正式启动中国职业教练认证，《CCF职业教练能力指标》也随之受到国内广大教练及教练爱好者的关注。

感谢迈士顿教练商学院、智遇教练平台组织了第一期团体督导，参加完该期学习的几位教练决定根据团督里的受训内容合著一本解读《CCF职业教练能力指标》的书。所以，本书不是考取职业教练认证资格的标准，只是几位教练根据自身经验对能力指标的解读，希望给在专业精进之路上前行的教练伙伴们提供一些参考。

历时6个月，本书终于在2021年1月1日完稿。我觉得这是好的开始，也预示着2021年将是有结果的一年。

我非常关注《CCF职业教练能力指标》，我认为教练的专业与非专业最大的不同在于其有专业的工具，比如这个指标表，这是教练前辈们多年经验的总结，就好像撑杆跳运动员的撑杆，这根杆能够支持运动员不断地突破自我、向最大可能性挑战。而运用专业工具持续复盘和自我检视的专业教练有更稳定的状态，有面对未知的信心，教练知道当下何为、何不为，更清晰地面对各种突发情境。

有人说指标表是一个工具，也像是教练的职业服装，做教练时，手拿这个工具或穿上这身服装。我觉得，指标表的意义不仅仅在于此，拿的这个工具或穿的这身服装，它们毕竟是外物，运用不熟练时还会显得很生硬，实际上每个人本真的生命状态里，都具备这些能力指标。比如我们天生就有信任他人的能力，天生就有和他人同在的能力等，只不过在成长过程中，某些能力被掩盖了起来，它们没有丢失，仍然在我们的身体里。

教练是专业的反思者，我们可通过检视自己和核心能力的亲密度来感知那些能力。比如，反思为何你做到了某些核心能力项、某些项为何没做到，什么影响了你连接和自然地呈现某些能力，如过去经历中形成的小我、惯性、模式、制约等。

以上是在文字、大脑和意识层面关于指标表的理解。下面我想谈一谈在潜意识层面如何理解能力指标。在梁冬的采访视频里，一位德国心理学家说他透过《道德经》中的文字，感知到了文字背后更广阔的空间。那么，我们透过CCF核心能力指标的文字能感知到什么呢？

- 有没有感知到教练能力的系统性？
- 有没有感知到教练能力之间如何相互支持、起作用的？
- 有没有感知到教练能力与教练的生命状态的联系？
- 为什么你能做到某些能力项？

• 为什么还不能做到某些能力项？

这些关乎我们的感知、觉察和领悟，如何透过指标表来感知自己，进入更深入的探索和觉知，如何与核心能力有一份感知与连接，从中找到自己本真的生命形态。有人告诉我，书买了没时间看，但在买书的刹那有种错觉：买了书，就拥有了书，从而拥有了书里的内容。这的确是错觉，是一种有效的自我催眠，因为知道不等于做到。

教练与核心能力的连接，有个词很重要："成为"。我们不仅抱持对话当下的场域，我们本身就是松、定、空的空间。借用东方心教练Eva导师的一句话："教练的生涯发展是成为教练，教练的生命状态是在于修炼。""成为"可能是我们这几年甚至一生都需要修炼的课题，比如：

• 核心能力"有信心地对待客户"。我们如果成为这样的人，那么不仅能有信心地面对客户，更重要的是能对自己有信心，从而对他人有信心。

• 核心能力"贡献教练自身作为客户觉察的资源"，在"成为"这个层面，我想也关乎教练是否有勇气敞开、开放自己去支持对方的觉察与洞察。

我在团体督导里经常讲一句话："每场教练对话中的教练状态是这位教练这段时间的生命状态的呈现。"所以，为了抵达"成为松、定、空的空间"目标，我们需要不断地行动，不仅是大脑意识的理解，更多的是不断地行动、复盘，让自己逐渐向"成为"靠近，我的经验里有一个最简单的"法门"——**"练习，**

练习，再练习”。

指标表好像一个天文望远镜，它是一个工具、一个视角，可以帮助我们清晰地看见浩瀚星空，即观察自己。每次看星空，即使我们在地球上同一个地点、同一个房间，使用同一部天文望远镜，不同的季节里，看到的星空也不同。因为天象在变化，大自然在变化，变化的我们与变化的外在微妙地共振着，即，

在不同时点，
透过这个天文望远镜，
看内在星空时，
您还是您；
当您真正看见时，
您也不是“您”。

最后，感谢迈士顿教练商学院组织的团督1期与团督2期、2020年冲刺班和专业班72位教练伙伴，以及爱分享公益教练学院的伙伴们，你们贡献了大量案例，为本书出版提供了巨大的支持。

特别感谢我的引路人周华宏先生、刘海琳女士，因为你们的引荐，我走上了教练职业的道路；感谢在我的教练专业成长上给予大力支持的导师及督导郑振佑（Paul Jeong）博士、阮榶刁（Eva）女士、迈克尔·斯特拉特福德（Micheal Stratford）先生、莱道·图劳伊（Leda Turai）女士、柯丽丽（Kelly）女士；

感谢CCF专家委员会同人曹柏瑞先生、王菲女士，以及我的教练同人们和我服务过的客户们、我的家人们，因为你们，我在教练之路上才能坚持9年，也有信心未来可以坚持更多年。

我看见，有越来越多的伙伴正加入中国职业教练认证行列，让我们手牵手，并肩朝前，共同开创中国职业教练的未来。

一个人可以走很快，一群人可以走很远！

祝福所有在教练精进之路上前行的伙伴！

CCF认证专家

51coach智遇联合创始人

爱分享公益教练社创始人

高平 *

* 此二维码为高平教练个人主页二维码。——编者注

目录 Contents

能力1　遵守道德、法律和职业准则 · 001

能力2　确定教练协议和要达成的结果 · 007

2.1　明确说明教练服务流程及教练本人的教练服务方法、所用模型和技巧 · 010

2.2　协助客户确定教练服务的目标和结果，并与客户共识得出达成此目标与结果的路径 · 013

2.3　与客户及所有关联方达成一个正式的教练服务协议，包括明确和可度量的结果、保密度、教练服务各项细节（时长、频次、地点）、作用、突发应变、进度的监测和汇报、商业部分的约定 · 018

2.4　确定不同关联方（包括教练和客户）明确的角色、责任和界限 · 021

能力3 与客户建立基于信任的关系 · 027

3.1 带着尊重和自尊，公正、公平地待人 · 030

3.2 乐观对待并鼓励客户的自信 · 033

3.3 与客户创建高度的和谐，从而构筑一场开放的会谈 · 036

3.4 接受客户当下的一切，并相信客户的潜力和能力 · 039

3.5 开放、诚实地行事，包括处理会谈、运用自身及个人的反应为客户提供反馈、避免与客户共同纠结在困难上 · 042

3.6 信守约定的保密度 · 047

能力4 自我管理并保持教练同在 · 051

4.1 密切地关注客户，全然地处于当下及投入 · 055

4.2 始终专注于约定的客户议程和结果 · 060

4.3 灵活地行事，同时与自身的教练方式保持一致 · 062

4.4 与自身的价值观保持一致，同时尊重客户的价值观 · 064
4.5 确保教练所采取的介入行为使客户得到最好结果 · 066

能力5 有效地沟通 · 071

5.1 呈现出有效的倾听、澄清能力、区分说出的与没说出的部分 · 075
5.2 使用直接、易懂的语言推动客户迈向约定的结果 · 085
5.3 调整自身的沟通风格，反照出客户的需求和结果 · 087
5.4 提供相关的信息和反馈，支持客户的学习及目标 · 090
5.5 清晰、自信和可信地与客户沟通，启发出更多可能性 · 093
5.6 恰当、直接地把听到的、观察到的、感受到的反馈出来，但不执着于自己是对的 · 096

能力6 唤起觉察与洞察 · 101

6.1 提出问题挑战客户的假设、引发新的洞察、唤起客户的自我觉察、获得新认知 · 106

6.2 协助扩展客户在某个话题的视角和挑战，来激发出新的可能性 · 109

6.3 支持客户产生可选措施，达成约定的结果 · 112

6.4 提供相关的观察性反馈，使客户自由地选择是否就此采取行动 · 117

6.5 通过提供“此时此地”性反馈，使用教练“自身”作为客户发展自我觉察及新认知的资源 · 119

能力7 设计策略和行动 · 123

7.1 支持客户唤起策略，来达成其结果 · 127

7.2 激发客户识别并落实自主导向的学习机会 · 132
7.3 使客户在遵循自身的行动计划及承诺时承担其责任 · 137
7.4 鼓励客户寻求他人的支持，帮助其达成结果 · 142
7.5 当客户尝试新的做法/行为时提供支持 · 145

能力8 保持前进动力和评估 · 151

8.1 保持结果导向的方法 · 154
8.2 提出强有力的问题，推动客户朝着约定的结果迈进 · 156
8.3 检查并认可客户的进步和达成 · 159
8.4 探索什么奏效、存在什么障碍，并挑战缺乏进展的部分 · 162
8.5 减少客户对教练的依赖，并发展客户的自我教练能力 · 172
8.6 检查客户应用新知识的动力 · 175
8.7 衡量教练会谈的有效度 · 177
8.8 管理进展，建立担责系统 · 180

能力9 致力于持续的教练发展 · 183

其他能力 高管教练需具备的能力素质 · 189

能力10 在组织范畴内开展工作 · 191

能力11 理解领导力方面的问题 · 193

能力12 以伙伴关系的方式与组织开展工作 · 194

综合案例解读 · 197

附录：CCF职业教练道德守则 · 223

1

CHAPTER

能力 1

遵守道德、法律和职业准则

能力1

遵守道德、法律和职业准则

能力1“遵守道德、法律和职业准则”的具体规定如下：

1.1　遵循CCF的职业标准及行为守则。

1.2　行为符合道德规范和最高标准的诚信。

1.3　向所有关联方正向推广教练职业服务。

1.4　遵守开展教练服务的所在国及/或客户组织所在国的现行法律，以两者里最适用和最具约束力部分为准绳。

1.5　清晰地沟通：教练服务如何有别于其他助人职业。

1.6　对职业教练的工作范畴有认知，超出范畴时转介给其他适合的职业人士。

CCF在3处均有明确的职业标准及行为守则，比如遵守与客户达成共识的保密协议、遵守当地法律法规等，分别为：

- CCF的微信公众号；
- CCF的申请认证资料表1，其中有申请人对此的声明及签名；
- CCF的会员手册。

本项能力是职业教练必须具备的核心能力，一旦不具备本项能力，不仅不会被CCF认证为教练，即使在认证期内也会被撤销认证资质。可见职业教练遵守CCF的职业标准及行为守则，行为符合道德规范、法律等的重要性。

教练的工作对象是“有创造力的、心理健全的、有应变能力的”客户，本项能力的本质是尊重和相信客户，从以下几个方面有助于理解本项能力如何呈现这份尊重和相信：

- **教练服务有别于心理咨询/治疗师**

教练聚焦于通过事件唤起客户的觉察和洞察，而非聚焦于过去事件的细节或收集过去经历里的情感、反应、造成的障碍等；

教练不仅致力于解决问题，更注重发现客户的潜能，并支持客户向前迈进，而不会将对话陷入了解过去和解决过去的问题。

- **教练服务有别于咨询、顾问、培训师、教师、导师**

教练的发问基于与客户的同在，问题是开放的，目的在于激发或探索客户的已知或未知领域。

如果教练的发问包含某些明确的导向，则不在教练角色里，比如：

客户：我很想制定一个人生规划。

教练：好的，我们今天做一个人生平衡轮，从8个方面做规划。

此案例中，客户并未提出需要从8个方面来规划人生，人生平衡轮是教练的诉求和引导，对话者超出了教练的角色，而是像训练师那样给出工具，进入会谈。

如果教练以直接或发问的方式提供建议，也不在教练担任的角色里，比如：

客户：我压力很大，老板要求我3个月内必须招到人，但我现在连一份应聘简历都没有收到。

教练：人才招聘会下周的摊位，你会去摆吗？

此案例中，如果会谈里客户并未提到人才招聘会摆摊的信息，而教练想到了这个方法并提出“人才招聘会下周的摊位”，这时教练的发问内含一个建议：下周去人才招聘会，教练引导客户去抓住这个机会，而没有充分信任客户有在其内在或外在资源里进行思考，从中找到解决方案的能力。

- **超出教练范畴时转介给其他适合的职业人士**

教练应对职业教练的工作范畴有认知，明确超出范畴的状况，如客户的身体、精神出现问题，客户所处的环境出现使用暴力、触犯法律的人或行为等。

比如，客户告诉教练，她已经无法正常接听老板的电话，会非常紧张，手指颤抖；或客户已经连续几个月失眠，工作的压力让他感觉胸口非常憋闷。出现此类情况时，教练要有能力区分出其不在教练服务范畴，并推荐客户去医院做检查或寻求心理治疗师的帮助。

又如，客户告诉教练，前夫几次打电话要求她把孩子放到奶奶家寄养，如果她不照做，前夫就将对她的父母进行危害性报复。此类话题，教练应有能力判断其不在教练服务范畴，并推荐客户去寻求法律救助。

- **超出教练的保密规范时，教练做出维护保密性的行为**

职业教练的保密义务应被视为道德规范的首要义务，对于任何可能违反已约定的保密度的人或事件应保持警惕，并直接表达教练自身对保密度的维护。

比如，为本企业一位高管购买教练服务的企业所有人，要求教练将该高管离职的想法及时通知自己。这时教练需要告知付费人，教练与客户将/已经有保密约定：教练会谈的内容未经客户允许，不会传递给任何人，包括付费人。

以上只是举例，还有更多直接或间接涉及教练的保密行为的可能，教练应对此保持警觉，坚守职业教练道德规范，维护自身的工作界限、角色、责任，如此不仅能得到客户和各方的尊重，也能对职业教练工作的有效性（确认“抱持”客户开放、信任的会谈空间等）起到一定作用。

作为中国教练市场的执业人员，教练的工作品质、言谈举止影响着无数的客户、教练服务的受益者及其家庭和同人、对职业教练工作感兴趣的未来从业人员等，我相信，正直、公正、中正的教练将唤起更多人的自尊、自主、自我支持的人生信念，遵守本能力是每一位职业教练的首要关注点，也是其在执业过程中遇到任何情况做出决定时应遵从的第一优先级。

CHAPTER 2

能力 2

确定教练协议和要达成的结果

能力2

确定教练协议和要达成的结果

此核心能力的关键点是“**确定**”“**协议**”“**要达成的结果**”，本项能力奠定了进入教练会谈的基础及共识会谈的效果呈现。

教练能否支持客户在本次教练项目（长约服务）或本次会谈中创造出其想要的结果，客户在教练项目开始前和项目的进程中是否保持对目标的清晰认知，是衡量此项能力的价值所在。好比去目的地之前，要先确认大方向，避免出现南辕北辙的后果，同时教练和客户一起出发之前，要检查好交通工具、调试好座椅、加足油，相互交流安全须知，双方均对所有安全须知有较清晰的认知。

此项能力对教练的要求是在能力1“遵守道德、法律和职业准则”之上，呈现出更高的职业性、专业性，比如会谈流程、服务方法等，同时此项能力也体现出教练和客户的伙伴关系。

“**确定**”：是双方的合作态度、意愿、目标共识的定语，代表教练的专业交付和职业道德，是指要共识出客户想要达成的结果。

“**协议**”：根据教练服务次数可以分成单次会谈和长约服务。

在单次教练会谈中可以采用口头协议，长约服务前一般会做一份书面协议［包括按客户前期需求进行的调研，或商务环境下与客户及付费方三方会谈，产生的一些约定（详见能力2.3），每次会谈开始后都约定本次会谈的产出结果（详见能力2.2）］。

书面协议要将此次项目的相关细则及约定尽量罗列清晰。在双方签署协议前，教练有告知、解释和说明的义务。

“要达成的结果”：这是在长约服务和单次会谈中都很重要的部分。长约服务要达成的结果应在项目启动前达成共识，单次会谈开始后教练应邀请客户讲出想要解决的问题及要实现的结果，有时客户在会谈起初即明确地表达其想要的结果，有时可能会在进入会谈，客户有觉察后生发出新的想达成的结果，届时教练应支持客户澄清、区分最终想要实现的会谈结果。

2.1 明确说明教练服务流程及教练本人的教练服务方法、所用模型和技巧

能力描述

关键点

服务流程；服务方法；会谈结果

1.**“服务流程”**：包括每次会谈时长（如30~60分钟）、频

次、次数（如6次/长约）、会谈流程等。

2.“**服务方法**”：服务方法的说明是由于教练和咨询、培训等助人工作的方法不同，对客户所谈问题，教练没有固定的答案，而是用陪伴、挑战、共创等方式支持客户逐步厘清其话题，从不同的或新的视角探寻其想要的结果。这个过程基于客户的自主选择，教练所用会谈模型和技巧仅作为会谈的支持性工具，比如GROW①、九宫格、双轮矩阵等。

此项能力作为教练服务的前置，为整个项目或单次会谈奠定了基础，呈现出教练的道德准则，保持教练清晰的沟通方式，从而使客户在项目结束前拿到结果或在单次会谈结束前有所清晰和收获。

3.“**会谈结果**”：单次会谈指教练与客户共识本次项目结束时客户要达成的结果。长约服务指教练与客户共识会谈结束时要达成的结果。

此能力的价值是提升客户的自主性和责任感，让客户意识到对所要进入的教练项目或会谈本人应有的自主性、担责性。有的客户在会谈开始前表示没有要解决的话题，教练可以明确表示暂停教练服务，等其有了想解决的话题再约时间。如果会谈过程中教练感受到客户处于闲聊状态，可以及时暂停会

---

① GROW是企业教练领域广泛使用的模型之一，即Goal（目标）、Reality（现状）、Option（方案）、Will（意愿）。

谈，向客户询问是否有想解决此问题的意愿，必要时运用能力2.1和能力2.4与客户在双方关系和客户想实现什么结果上重新达成共识。

案例佐证

教练：我先介绍下教练服务的相关事项：此次会谈需要45~60分钟的时间，建议我们都打开视频通话，这样在接下来的会谈中我们可以看到彼此，有助于会谈达到更好的效果……

当然，如果您不想打开视频通话，采用单纯语音方式也可以，我尊重您的意愿……

本次是单次的教练服务，我希望我们聚焦于您在本次会谈中想要达成的结果。我会通过发问和反馈的方式支持您逐步厘清并走向此次会谈您想达成的结果……

会谈的过程中，我会用到一些专业工具……

对以上这些及开始会谈前，您有什么想告诉我的……

这个案例中，教练对教练服务流程及教练服务方法、所用模型和技巧都做了简要说明，既有告知客户相关内容的部分，也有邀请客户探讨想要共识的部分。

2.2 协助客户确定教练服务的目标和结果，并与客户共识得出达成此目标与结果的路径

能力描述

关键点

协助；目标和结果；共识；路径

此能力一般在会谈开始后运用。基于共识出的目标、结果和实现路径，双方展开后面的会谈。

会谈过程即教练支持客户将隐性部分显性化，显性部分目标化，目标部分行动化，行动部分结果化的过程。

例如，能力2.2是“**支持客户将隐性部分显性化，显性部分目标化**”的过程。能力6“唤起觉察”与能力7“设计行动”属于将“**目标部分行动化**”的过程。会谈之后客户实施其行动规划的过程是在“**行动部分结果化**”。

1.“**协助**”：体现了教练和客户在教练关系上的角色和位置，是由教练来“协助”客户，要避免客户产生依赖性（比如想在教练这里找到答案等）。

2.“**目标和结果**”：会谈开始后确定目标和结果使得整个会谈有方向，会谈有所聚焦且将高效地进行。

关于整体教练协议，即长约服务，可以通过一次教练会谈

确定教练目标。如企业客户可通过三方会谈得出客户的整体教练协议。

3. “**共识**”：好比双方握手的动作，是指双方在内容和方式上达成一致，是教练和客户“伙伴关系”的呈现。应共识出协助确定目标和结果的内容，包括会谈结束时客户想实现什么、如何衡量其想实现的结果、什么原因使客户想实现这个、会谈的议程是怎样的（如何进行哪些内容来使会谈走向客户想实现的结果）等。

4. “**路径**”：实现目标与结果的方式和方法，比如会谈议程。

教练会谈过程中，当客户仅提供关于事的层面的信息时，似乎找不到“可选措施”，听上去没有解决方案，可以把这个状态理解为客户的“无”的状态。实际上客户内在“有”很多资源，这些资源就像客户的盲区一样一时不能被看见，成为隐性的存在。使客户停留在“无”状态的大部分原因是客户自己的系统，如情绪、限制性信念、未被满足的期待等。教练应支持客户从“无”到“有”（看见更多可能性与资源）的过程。

实操要点

本项能力具体操作可从以下几个部分展开：

1. 教练协助客户识别或重新确认，客户想要在会谈中实现的目标。

2. 教练协助客户确定或重新确认，客户想要在会谈中实现的目标的衡量标准。

3. 教练针对客户想要在会谈中实现的目标，探讨对客户而言什么是重要的或有意义的。

4. 教练协助客户确定，为了实现其想要在会谈中确实的目标，客户认为需要处理或解决什么。[1]

新晋教练在运用本能力项时容易流于流程，但实际上，其还需要综合运用教练的核心能力3与客户建立基于信任的关系、能力4自我管理并保持教练同在、能力5有效地沟通、能力6唤起觉察与洞察。因为会谈过程不是教练能力2至能力8的逐一呈现，而是综合性地运用，并呈现出一个自然、流畅的过程，教练和客户均享受其中、彼此赋能与滋养。

案例佐证

案例1

教练：了解。今天的会谈，借由我的支持，您希望拿到什么结果？*（教练询问客户的会谈目标）*

客户：其实我发现我刚才讲的是有一点乱的，我提了三次“我害怕”，我到底害怕什么？是与潜在客户或者说已经给了钱的客户沟通吗？如果说想要拿到的结果，我希望找到其中的一个原因，一个对我来说就足够了，然后让我能有下一步的计划，我觉得已经非常好了。

---

① 此部分，可参见丽莎·韦恩（Lisa Wynn）《专业级教练（PCC）认证手册》，隋宜军译，第43~46页。

教练：好的，您对本次会谈结果的期待是找到您害怕实践的原因。*（教练回放客户的教练目标）*

案例2

客户：我想在辅导孩子学业时，作为母亲的我能更有耐心。

教练：嗯，更有耐心，如果用评分来量度的话，您想要的更有耐心是多少分？*（目标和结果清晰化，精准化）*

客户：8分。

教练：8分是什么样子的？

客户：孩子有情绪时，我可以忍住，不说话，就在旁边坐一会儿。直到孩子愿意和我聊再继续沟通。

教练：了解，8分的您是可以忍住脾气的有耐心的母亲，今天会谈结束时，您想拿到什么结果？*（会谈结果清晰化，精准化）*

客户：我想知道我如何可以做一个“8分的耐心母亲”。

案例3

教练：您说希望通过今天会谈，对自己的讨好模式看到一些新的觉察。*（教练回放客户的教练目标）*

客户：是。

教练：如果看到新的觉察，对您来说会有什么不同？（*教练探索教练目标的意义和价值，为何客户想实现这个结果*）

客户：我想改变自己，我希望能够更勇敢地表达自己的想法，而不是别人一跟我说“唉，您帮个忙吧”，我就稀里糊涂答应下来，然后后悔。

教练：了解，您希望能更勇敢地表达自己，不随意答应别人，要敢于表达和拒绝。

客户：嗯。

教练：接下来，我们需要探讨哪些内容会让您在今天会谈结束时能看到一些新觉察？（*教练与客户共识：会谈议程，有哪些议题需要在会谈中进行*）

客户：好像有太多角度可以探讨啦……过去的维度，找原因的维度。

教练：好，如果今天需要探讨这两个维度，应该以什么样的顺序进行呢？（*教练与客户共识：会谈议程，这些议题如何进展*）

客户：先看过去吧，然后找原因。

2.3 与客户及所有关联方达成一个正式的教练服务协议，包括明确和可度量的结果、保密度、教练服务各项细节（时长、频次、地点）、作用、突发应变、进度的监测和汇报、商业部分的约定

能力描述

关键点

保密度；进度的监测和汇报；各项细节；突发应变；商业部分的约定；作用

1. **“保密度”**：是在遵守核心能力1前提下的能力准则，没有高保密度就不会有客户的高开放度，也就很难建立教练和客户的信任和伙伴关系。

保密度从高到低分为以下几个程度：

（1）高度保密：教练不做任何文字记录，不录音，不向任何人以任何方式透露客户会谈的信息。

（2）中度保密：教练有记录和报告，只本人保有和发给客户；未经本人同意，教练不以任何方式向任何人透露客户会谈的信息。

（3）低度保密：经客户同意，教练将报告发给客户相关方，如上级。

教练会谈采用以上哪种程度的保密级别均应有书面的约定。如需提交认证或督导的录音，需在录音的开场或结束时获得客户的允许。

2. “**进度的监测和汇报**”：基于长约服务确定的教练目标，双方对如何监测进度和汇报作出约定，比如监测客户的行动计划、客户的问责系统、每次教练会谈的报告由谁写、要不要发给客户的付费方、如果发的话由谁发等。

3. “**各项细节**”：指时间、频次、地点等细节，首先站在客户角度，让客户有选择权，同时也呈现出教练效果的连续性，尤其是在长约服务中这是必须约定的部分，有了时间和频次的约定，双方才能更有效地安排各自时间，且有助于教练项目进度的推进。

4. “**突发应变**”：提前共识教练服务中可能的变化，比如任何一方修改时间、客户或教练一方提出暂停或终止教练关系等。

5. “**商业部分的约定**”：指在商业方面的约定，包括但不限于付费方式（提前全部付清或预付一部分等）、教练服务暂停或终止时如何结算余下的教练费用等。

6. “**作用**”：指教练服务所起的作用，如提升客户的自我觉察力、担责性等。

案例佐证

教练：我承诺，与您教练会谈的所有内容，未经您允许，不向其他任何人透露。教练会谈内容，我将在会谈后记录在报告里，发邮件给您。如果您的上级询问报告或教练会谈的内容，我会请其与您直接沟通。这是我的想法，您觉得怎么处理比较合您心意呢？（提前约定“保密度”）

您希望会谈以什么样的形式，什么时间进行，更有利于我支持到您？

……关于您的教练项目，我想通过6次会谈来支持您，我想听听您的想法……（“各项细节”）

会谈中可能会出现一些突发情况，我建议我们一起想一想会有哪些情况。……如果出现，您会如何应对以及需要我做些什么来确保会谈顺利？（“突发应变”）

对于这次会谈中产生的决定，您会用怎样的方式来确保它的落实？需要什么资源来支持您做阶段性的检视？（“进度的监测和汇报”）

这次会谈中的商业部分，您需要我们如何约定？（“商业部分的约定”）

每次会谈60分钟左右，如果您希望会谈后进行复盘，可以增加15分钟，来促进彼此的默契，提升下次会谈效果。（教练时长）

2.4 确定不同关联方（包括教练和客户）明确的角色、责任和界限

能力描述

关键点

不同关联方；角色、责任和界限

1. **“不同关联方”**：指的是教练项目中的所有相关人员，比如教练、客户、付费方、人才发展部负责人、教练机构项目负责人等。除了协议中涉及的人员外，也可能在项目进行中会随着项目进展出现新的关联方，应在协议中尽量明确和清晰。

2. **“角色、责任和界限”**：分别为教练、客户、关联方的角色、责任和界限。

（1）教练方面

- **“角色”**：在信任基础的伙伴关系之上，根据教练本人的教练观、教练风格等，教练可清晰告知客户教练的指南针、镜子等角色。

- **“责任”**：与客户共行的旅程中，由于教练的作用是陪伴客户向其想实现的方向进行探索，过程中可能会挑战客户敏感区，触碰到其不适应的部分，但只有这样，才能支持客

户跳出其思维盲区。“责任”，也包含教练有义务对客户及其信息保密。

- **“界限”**：在于澄清教练做什么、不做什么，比如客户对教练有依赖，希望教练给建议以及提供心理咨询等，凡是超出教练服务范畴的，教练需提前与客户达成共识。如果教练本人有不想谈及的话题范畴，需要提前告知客户，并获得客户的承诺。

（2）客户方面

- **“角色”**与**“责任”**：会谈的主人，即第一责任人——客户来选择话题和会谈的方向。客户在服务前被教练告知，这是对其话题和成长承担责任的会谈，服务效果主要取决于会谈过程中客户的自主性，比如客户是否有较高意愿去改变、主动探索等。

- **“界限”**：会谈应始终围绕客户自身进行探索，寻找其内在、外在的资源，而非对他人的改变进行探求。教练也需要询问客户是否有不愿意被触及的部分，如果会谈过程中触及了，客户应以什么方式告知教练等。

（3）关联方方面

- **“关联方”**：指与教练和客户的相关方，比如企业项目中，关联方是客户所在组织、人力资源部门、上级领导、教练机构、教练在本项目中的教练督导等。如组织里的付费方，其角色是提供资金支持，责任是对客户的成长提供真实反馈，界限是不要求查看客户的教练报告等。

实操要点

教练实务上，如何具体操作：

（1）如果为单次教练服务，可提前与客户约定服务时间共90分钟，前30分钟就双方角色、责任、界限等达成共识，比如了解客户对于教练会谈、教练角色的期待，教练可告知对客户的期待：比如打开视频，准备一个人的安静空间等。后60分钟进行正式的教练会谈。

（2）如果是长约客户，首次教练会谈前教练通常会做一次需求和心理契约的会谈，针对双方的角色、需求、责任、界限等进行交流，达成共识，有助于为后面的会谈形成"成人态"的自我负责的会谈场域。

（3）企业项目里的长约客户，教练机构或客户有时会要求在教练跟客户确定一对一的教练关系之前，教练机构给客户推荐2~3个教练分别做30分钟左右的沟通，即匹配会谈（Chemistry talk），以促进相互了解和交流，对彼此角色等的认知。

（4）教练会谈过程中，如果客户提出需要教练给出建议或指导等，教练可澄清其支持者角色，同时说明在会谈后将以何种方式实现客户的需要。

案例佐证

案例1

教练：整个教练服务中，我将陪伴您、支持您拿到您想要的结果。教练像一面镜子或指南针，通常我通过反馈和提问来支持您转换视角，看到您之前没发现的部分，我不会直接给您建议或答案，因为我相信您有能力找到对策，您有丰富的内在和外在资源支持您解决问题。（教练的“角色、责任和界限”）

我期待，每一次会谈前您准备好想解决的话题，在教练会谈过程中积极探索，每一次教练会谈结束前，您都能设计好行动计划，然后您为自己的决定担责，实现对行动的承诺。真正的改变不发生在教练会谈里，而发生在两次会谈期间您实施行动的过程中。（客户的“角色、责任和界限”）

对于这次教练项目的相关方，感谢您参加××的三方会谈。此时，我们需要确定，您在这个项目中的角色……您的职责……您的界限……（第三方的“角色、责任和界限”）

案例2

教练：今天来谈话的目标是及时转变思想，主要是关于您如何更加及时地与上级沟通这件事？（“目标和结果”）

客户：应该是，我想提升自己的沟通能力，不光是指和上级的沟通，跟各部门或下属员工都需要沟通。（“目标和结果”“共识”）

教练：可否这样理解，您想探讨如何提升沟通能力。

客户：对，我就是想提高自己的沟通能力。

教练：今天会谈结束时您想要的结果是什么呢？

客户：给我一个指导方向。

教练：给您一个指导方向，您指的是希望我给您一个关于如何提升沟通能力的指导方向，是这样吗？

客户：是这样的，希望可以激发我从哪方面提升一下沟通能力。

教练：好的，我想在这个部分停一下。我觉得我需要对教练会谈做一个澄清。教练会谈有别于咨询或指导，更多的时候就像我最初跟您说的，教练本身的位置是陪伴者。因为我相信您一定有资源和能力去找到答案。所以，我愿意在这个过程中陪伴您去尝试、去找到答案。教练会谈结束后我可以跳出教练这个角色，看看在我的部分还会有一些什么反馈。您觉得这样可以吗？（“共识”）

客户：可以的。（“共识”）

3

CHAPTER

能力 3

与客户建立基于信任的关系

能力3

与客户建立基于信任的关系

与客户建立信任关系，这是教练关系的基础。

安全感是人之本能，人与人互动的顺畅程度取决于心理安全的程度。如果拥有信任，感到安全，客户会打开心扉。就好像教练在外面敲客户的门，他/她可能不会马上开门，而是问是谁，做什么，或者可能先打开一条缝，确认安全了才会打开门请教练进来。随着沟通交流、信任关系的加深，客户可能坦露更多信息。这些都发生在意识或潜意识里。

有人说教练会谈是“**用生命影响生命**”，教练会谈不仅支持客户面对、处理难题和卡点，同时教练还关注客户这个“人”，因为会谈是相互滋养与支持的，爱与尊重在其中流动，相互信任则是其流动的河床。教练会谈中，要建立相互信任的关系，有以下几个核心：

- 教练要开放自己，如果遇到身居高位的客户，或者接纳度低、持怀疑态度的客户，有的教练可能感觉“压力山大”，这时教练可以与客户坦诚沟通，真实地表达自己的感受，说明哪些是自己擅长的或有能力做的；这个动作好比放下内在城堡的吊桥，教练欢迎客户进入自己的内在感受空间，这是双方信任、情感互通的开启。在具体实务操作上，教练要关注与客户的初相识与个案前关系契约的沟通，这些有助于建立信任关系。可交流的话题包括：出于什么原因想请教练；背景相关信息；如果是企业客户，可以交流其在组织中的职能、角色等；成长经历；希望教练做什么、不做什么等（具体见能力2.4）。

- 教练要相信自己，相信自己在同在状态下的自然反应，相信自己在过去的多次个案与复盘中积累的经验等。唯有自信的教练，才能激发客户的自信并与之共振，带来美妙的共创。

- 教练要信任客户，有时教练会看到客户的成长点，而低自信的教练会投射于客户，认为客户难以达成其想要的结果，此时教练要觉察自身。所有对外的不相信，都源自内心对自身的不相信。

3.1　带着尊重和自尊，公正、公平地待人

能力描述

关键点

尊重；自尊；公平、公正地待人

1. “**尊重**”：教练抱持“**尊重**”的态度，尊重客户的一切，

包括其语言、行动、思想、价值观等。教练可通过语言或非语言的方式表达对客户的尊重，当客户感受到自己被尊重时，会更真实地敞开和表达自己，更放松地探索自我。

2. “**自尊**”：教练抱持“**自尊**”，既包含对自身的尊重，也包括从客户处回应到的尊重。一个低自尊的人很难获得他人的尊重。教练接纳、允许自我尊重的状态且不断精进，在自尊与尊重他人之间保持动态的平衡。

3. “**公正、公平地待人**”：教练“**公正、公平地待人**”，指教练对客户及相关方都应公正公平地看待，无差别、平等地对待，每个人都是独立、自主、有其独特性的存在。

佛言“**众生平等或公平**”，金刚经中讲“**无我相，无人相，无众生相，无寿者相**”，即破除我执，放下自我为中心的执念，无条件地尊重他人的人格，尊重他人的正当权利，尊重他人的选择，己所不欲，勿施于人，如此方能实现真正的尊重、公正、公平。

案例佐证

客户：我其实很想离职，希望可以在年底离开。

教练：我特别欣赏您的开放和真实，咱们第二次见面，您就愿意抛出这样的话题。*（尊重客户，觉察并放下教练的担心和期待，比如企业付费的客户离职对教练的影响）*

客户：是啊，第一次时我就感觉可以和您无话不说。

教练：很感谢您对我的信任，您也知道企业请教练是想重点培养您。*（尊重相关利益方）*

客户：所以我更有压力了，现在的工作太累了，我觉得很难承受。

教练：感受到您有很强的责任感，那您难以承受这种强度的工作的主要原因是什么呢？

客户：我有××疾病的家族史，这样拼命工作，我担心自己的身体，我想辞职好好陪家人。

教练：原来是这样，您现在身体怎么样？（*关心客户*）

客户：还挺好的，我一直坚持打球锻炼。

教练：您主要是想对家人有更多的陪伴？

客户：对，我现在没什么时间，下班后去锻炼，回家也不太讲话。我太太也上班，交流不多。周末偶尔给家人做个饭，我挺享受做饭的。我想每天守在他们身边，照顾他们。

教练：如果您辞职了，每天给家人做做饭，照顾他们，家人会怎么样呢？（*尊重客户的选择*）

客户：（*迟疑了一会儿*）其实我想想后发现，家人可能会更担心，现在只要我一个人在家，她就会打电话给我，看我有没有出什么事。上班时她反而不担心，因为还有同事和我在一起。

教练：那您当下的想法是什么？

客户：（*坚定地*）为了家人，好好照顾自己的身体，包括在工作中调整自己的节奏，并不是一定要离职。

商业教练提供服务中，客户提到离职，教练的第一反应往

往是担心："企业会怎么看待我的教练结果，以及如何和付费方交代。"如果教练尊重客户，相信当下的场域，跟随客户，就会探索出客户话题背后的真正原因。

这个客户后来没有离职，教练会谈让他在工作中找到了更好的平衡办法。如果客户真的离职了，教练也应尊重其选择，因为从长远和组织视角来看，离职对于个人和组织都有积极的部分。

3.2 乐观对待并鼓励客户的自信

能力描述

关键点

乐观对待；鼓励；客户的自信

该能力项大部分是由教练表达出来的，而非由提问表达出来的。

1. "**乐观对待**"：教练"**乐观对待**"客户的自信，指教练面对客户时，有乐观性思维，比如相信客户的自信、内在与外在资源等。教练提供给客户会谈里将要出现的具有可信度、说服性的信息，表达教练对客户的相信等。

2. "**鼓励**"：教练"**鼓励**"客户的自信，指教练有看见、欣赏的能力。对此能力的训练，教练平时可以通过"丰盛日记”[1]“发现美的眼睛”[2]等方式，使其能真正看到客户的自信，并用心、真诚地鼓励客户。当客户感到自己被看见、被倾听、被欣赏、被尊重时，客户也会看见自己的自信，与教练建立连接，觉察自身深层内在的资源。

3. **“客户的自信”**：在具体操作上如何鼓励**“客户的自信”**？有的客户会出现能量较低的状况，比如对自己指责或不认可，对他人、外在环境的抱怨，与内在资源暂时失联等，教练应提供无条件的接纳和信任，并且探寻客户曾经有过的自信经历或想象未来成功时自信的画面，从不同时间、不同空间或不同的人等视角唤醒客户、连接自我并看到更多的可能性，从而激发客户看到更好的自己，重拾自信和动力。

综上，教练的乐观对待并鼓励客户自信，是教练要相信客户“本自具足”，创建信任的空间，支持客户连接内在的创造力、信心和勇气等，发现一个不一样的自己，而不只是“帮助”客户解决问题。

案例佐证

客户：我觉得自己的沟通能力比较差。

---

① 丰盛日记：教练谈话过程中常用的方法，主要在于养成我们具备正言、正行、正念的习惯。根据肯·威尔伯的四象限整合法，每天从我们与自己、与他人、与环境、与身体四个角度记录我们所能感到的丰盛。

② 发现美的眼睛：教练谈话中常用的方法之一。对于我们的眼睛，不是缺少美，而是缺少发现美的视角，美在我们的心灵深处，只要我们去体会，美就无刻不在，因为我们张开了发现美的眼睛。

教练： 从开始到现在，我感觉我们之间的沟通非常棒呢，我不觉得您的沟通能力有问题。（*教练对客户的自信有乐观性思维*）

客户： 我可能主要是在跨部门沟通方面有障碍。

教练： 如果其他部门的人找您沟通，什么原因会使您愿意帮助对方？

客户： 在我不是特别为难的情况下都会帮助对方，通常我会把这件事的价值和对我部门的利益、与我部门的关系说清楚。

教练： 您的思路非常清晰啊！（*教练识别出客户的能力并鼓励客户*）那下次您找其他部门沟通时，您会怎么做呢？

客户： 我会提前做些调研和准备工作，考虑到对方的利益和难处，比如"×总，我有件事想找您商量，您在这方面是专家，这件事您看这样可以吗？（*具体事情和方案*），如果您人手紧，我派2个人来协助一下，这件事如果做成了……（*价值部分*），也想听下您的意见。

教练： 听起来您沟通方面没有大的障碍啊。请总结一下对您来说什么样的沟通会让您觉得是比较好的沟通呢？

客户： 是啊，（笑了）沟通前做充分准备，态度真诚、尊重对方，也向对方说明利益，您这样一提示，我觉得有信心了。

教练： 当您带着这样的信心去沟通时，会有什么样的结果呢？

客户： 对方拒绝的可能性会减小吧，或者即便真有困难也会一起想办法的。

此案例中，客户提出自己沟通能力比较差，教练相信他并不是没有能力，可能是没有找到方法或者是其认知有卡点，鼓励客户并且让他从不同的角度看到更多可能性，客户的自信就浮现出来了。

3.3 与客户创建高度的和谐，从而构筑一场开放的会谈

能力描述

关键点

高度的和谐；开放的会谈

1. **“高度的和谐”**：指双方在意识、情绪、意图等方面的一致，相处默契，就像共舞画面，你进我退，我进你退，随时灵活切换，身处当下的自然、亲密的交流。具体内容如下：

- 意识方面的和谐，比如教练回应：“前面您提到您对家庭有较强的责任感，现在谈到公司的事，我也能感受到您的责任感。”
- 情绪方面的和谐，比如教练感知到客户语言背后的情绪，表现出共情：“哇塞！您说的公司这种‘洗牌’，不是生就是死，我能感受到您的压力真的很大！”
- 意图方面的和谐，比如教练的回应：“您说想改善这一

点，我能感受到您对自己有比较高的要求，希望自己工作中的每个任务在开始前都做好充足的准备。”

还有教练对客户本人的特质、价值观、信念等方面的回应，每一位教练都有自己的风格，高度的和谐下教练也会适当展现其风格，在共创的场域里相互接纳、信任、尊重、开放。

2. “**开放的会谈**”：首先指教练要开放自己，保持开放、好奇的态度，观察客户的事实，感受客户的感受，理解客户的意图，并且对客户所呈现出来的状态、行为等进行回应。当教练保持“**松、定、空**”的状态时，客户通常会感到放松与安全、被接纳和尊重，对自己与话题产生更多好奇，更有意愿去探索，就有机会创造更多的觉察空间或可能性。

其次指教练应对场域里的真实和开放保持觉知，支持客户打开心扉，真诚地表达自己的想法。比如客户带来的不是“**真话题**”（潜意识真正想解决的话题），有时是客户没有觉察，有时是客户有顾虑不愿意说出真实的想法，信任度不够，或者是客户安全感不足。对此教练应有能力觉知并支持客户开放自身。

案例佐证

教练：谈到这儿我有个感觉想分享给您，我感觉我们一直在您的话题外面转圈。（*教练开放自己，提供自身感受的反馈*）

客户：（*沉默*）教练，我是不是太固执了，我不愿意往前看，也不愿意从话题里走出来？

教练：我感觉到您的自我认知的能力非常强，您在思考自己“是否不愿往前看，不愿意从话题里走出来”。*（教练表达对客户的感知，与客户共鸣）*

客户：我知道自己的问题，也能比较清晰地认识自己，对吧？

教练：是的，这很棒！我知道您请教练是为您的成长负责任。也许您可以尝试着问问自己，是什么原因让您不愿意往前看呢？*（教练表达想法，邀请客户开放并探索自我）*

客户：我不知道，真的不知道。

教练：好的，那么您是在意和家人的关系，想走他们安排好的路但又有点不甘心，还是对前方的路有一些担心呢？*（根据前面的会谈，教练提供反馈并邀请客户确认，构筑一场开放的会谈）*

客户：前方的路并不清晰，我担心会失败。

教练：对您来说，什么是失败呢？

客户：被别人嘲笑，我非常在意别人的看法。

教练：别人的看法会怎样影响您呢？*（教练以中正的状态，构筑一场开放的会谈）*

客户：正常情况下没有关系，但是我非常在意别人的看法。成功时，我喜欢那种受人尊重的感觉；失败时，我害怕别人的眼神，我好像一直在寻找别人的认同。

教练：您今天对自己有了这么深的探索，非常棒。*（再次表达对客户的尊重）*

客户：嗯，是啊。

教练：我注意到您脸上有了笑容，我想知道您此刻的想法。*（教练提供观察性反馈，构筑一场开放的会谈）*

客户：我突然特别开心、兴奋。这些问题困扰了我十多年，但是我一个人只知道有问题，却不知道问题在哪儿。找到了问题，就仿佛找到原因就会有答案一样。我突然想起小时候的一段经历，它影响着我，让我那么在意别人的看法……

此案例中，会谈遇到了障碍，客户不愿意深入探索，教练暂停并开放地反馈给客户，同时尊重客户，使后面会谈中二者的关系更和谐，产生更多共鸣，话题越聊越深入，客户也找回了自己的内在力量。

3.4 接受客户当下的一切，并相信客户的潜力和能力

能力描述

关键点

当下的一切

“当下的一切”：教练会谈是基于成年人心态的会谈，双方相互给予足够的信任、尊重与自主空间，同时所有在会谈当下

的情境都不是偶然的，教练应接受客户“**当下的一切**”，包括客户在会谈当下的行为、情绪、想法，以及客户愿意或不愿意展示的内容等。客户的很多部分是教练所不知的，教练应带着对未知的敬畏和尊重，接受这一切，同时相信客户的潜力和能力。

教练会谈过程中，不论客户选择什么或不选择什么（如客户选择谈哪些及不谈哪些，客户选择的教练环节的时间安排等），教练均应支持客户的选择。当客户能够发挥其自主性时，才更容易进入内在的探索。

教练应构建一个信任的环境、一个没有干扰的支持空间，最大限度地支持和陪伴客户，可以允许客户引领整个教练环节，允许客户掌握整个会谈的速度与进程、选择会谈的节奏。当客户可以完全自主地探索时，更容易与内在连接，看见更多未知和可能性，从而对自己的选择负责。当客户可以完全表达自我时，就能在一个高品质的信任且开放的教练关系里实现共创。

教练应相信客户的潜能和能力，帮助客户觉察行为层的信息（doing）与“作为一个完整的存在”（being：身份、价值、意图等）之间的关系，并针对客户的存在和行为背后的意图进行互动。为了实现其想要的结果，客户需要专注于突破那些真正需要解决的方面，从而向想要实现的结果前行，前提是教练相信客户有解决问题的资源和能力。

排除拯救者心态、帮助者心态，教练会发自内心地相信客户的内在资源、潜能、能力等，这些在教练会谈里能够被感知或被看见，也就是教练说出来的关于客户的部分。

教练给足客户相信的空间，陪伴、跟随客户的体验，鼓励客户在意识和潜意识上进行总结或整合，并形成客户的新认知与视角，使客户更容易发展其内在与外在资源，在意识上有新的觉察、新的选择，从而实现更多的可能性。

案例佐证

客户：本来我今年是可以升职的，就因为我的领导……（*一直在举证领导的问题，具体内容省略*）

教练：（*趁客户呼吸时适时打断*）听起来您真不容易（*同理和接受客户的情绪*），刚才您说了领导这么多问题，您和他共事几年了？

客户：5年了。

教练：这样一个小气、计较、强势（*引用客户原话*）的领导，您跟他共事了5年，这5年中您有什么获益呢？

客户：（*愣了一下*）这个问题我好像从来没想过，（*沉默好久*）他要求严格，注重细节，其实让我在专业上有了很大提升，我也得到了越来越多客户的认可，自信也增加了。

教练：感觉您的语气平和了很多。

客户：是的，我想到了自己的进步。

教练：可以看出来您是一个非常有能力的人，在这种情况下，您取得了进步，那如果把这种进步再扩大10倍，您觉得可以做些什么呢？（*肯定和相信客户的潜能*）

客户：10倍啊，我也没想过，总觉得有人在阻拦我，我现在想的是即便有阻拦，我也进步了。我的潜意识把阻拦放大了……

教练：如果您做到了，会有什么样的可能性呢？

客户：可能会有升职机会吧，即便没有，我的能力提升了，也可能会有别的机会。

客户带着情绪控诉领导阻拦他的升职，教练接纳他的情绪、思维，并且相信客户是有能力、有潜能的，通过转换视角的方式让客户向内看，引导客户不断看见自己的能力并将其放大，使客户对领导、环境、自己都有了新的认知，也探索出更多的可能性。

3.5 开放、诚实地行事，包括处理会谈、运用自身及个人的反应为客户提供反馈、避免与客户共同纠结在困难上

能力描述

关键点

开放、诚实地行事；处理会谈；运用自身及个人的反应为客户提供反馈；避免与客户共同纠结在困难上

本能力项是建立信任的一种方式。特别是在会谈进入艰难时刻，或许可以通过教练的稳定的同在状态的回应，运用教练自身的反应提供反馈。

1. **“开放、诚实地行事”**：开放、诚实是一种状态。伙伴关系能否建立首先取决于教练是否足够开放和诚实。如果将客户讲出一句话比喻成钟被撞击后发出声响，教练的回应就是钟响后其感知回音并做出的有效反应。如果教练足够开放、诚实，潜意识将允许客户的信息和情绪等进入教练的内在空间进行回响，然后教练运用自身感知系统收到回音，整合后做出3类回应：沉默、提问、陈述性表达（反馈、复述等）。

教练开放、诚实的言行，可以支持一个开放、同步、担责、共创的场域，如支持客户了解其提供的信息是否在双方探讨的话题里等。例如，当教练没有清晰地理解客户的系统时，可以直接反馈：“我刚才没有听懂，我想请您再多说一些。”“刚才我问您原因，您给了我一些信息，但我没有理解这些信息与原因之间的联系。”

当客户由于种种原因，没有回答教练问题的时候，教练也可以保持开放和诚实，反馈：“刚才那个问题，我好像没有从您这里得到回答。”通过这份诚实，抱持给客户允许和担责的空间，可以支持客户意识到这是客户自己的话题，自身是最了解和拥有实现其想要结果的资源的那个人。

2. **“处理会谈”**：会谈中可能会遇到的难点如下。

（1）内容的艰难

话题是客户真正想要的，客户的意愿度很高，但是会谈没有朝教练目标方面进行，而是卡在了某些困难的地方，比如客户的思维模式、情绪点等。

（2）心理的艰难

话题是客户在当下想要的，客户觉得已经准备好了，但是行动层面迟迟不动，动力层面感觉也不是很高。也许只是头脑准备好了，心理还没准备好。例如，我的一位客户开场时说，“今天的话题对我来说很重要，我用了几年的时间说服自己去面对，今天我终于有勇气、能量来谈这个与自己和解的话题”。

可想而知，客户面对这个话题时，心理路程曾经多么艰难，用了长达几年的时间来克服心理障碍，面对不想触及的部分。

（3）抱持开放、安全场域的艰难

话题是客户真正想要的，但教练会谈当下，需要双方一起抱持的安全场域却未建立，或者某些情况发生打破了信任。导致客户没有足够的心理安全感，不敢轻易碰触内心，会谈变得艰难。

（4）其他各种困难

教练如何应对会谈的艰难时刻？

当艰难时刻出现时，教练会感知到场域里的发生、自身与客户的情绪状态等，此时，教练可以停下来跟客户说，请您告知我您的真实感觉，然后等待客户是否告知他/她那边发生了什么，艰难时刻往往蕴含着一个巨大的宝藏，该宝藏藏在客户靠自身的力量很少或很难进入的地方，当艰难时刻出现时，教练敏锐的感知力和稳定的状态可以支持客户推开宝藏大门，共同深入地探索宝藏，这将是非常美妙的旅程。

3. **“运用自身及个人的反应为客户提供反馈”**：正如前面提到的“**回音**”效应一样，教练接收到客户的信息后，首先感知该信息（包括信息里的情绪、意图、未表达部分等）在自己这里的回音，然后回应给客户。教练感知回音时如有情绪升起、身体部位的反应（如紧张、僵硬、想做某个动作等），教练可真实、开放地反馈给客户。这个时刻，教练贡献出自身的反应，对客户来说就像“照镜子”，这份支持往往在客户以往的工作、生活里没有这么真实或直接，是唤起客户的自我觉察的绝佳时机。

教练自身或个人的反应可有以下几种（包括但不限于）：

- 教练的念头、想法，比如支持/不支持客户信息的想法、与客户假设相反的观点等。
- 教练的情绪，比如听到客户说的话时，心里有难过的感觉等。
- 教练的意图，比如当客户讲到某个内容时教练想逃离等。
- 教练的身体反应，比如教练某个身体部位感觉到紧张或教练想伸出手去拉客户等。

4. **“避免与客户共同纠结在困难上”：“阻碍进展的问题”**指会谈里卡住的内容，比如客户的思绪缠绕在某个点上或客户说某个问题“没有答案”的时候，教练应避免与客户共同缠绕在该点之上，需要教练敏锐地觉知到这里是阻碍进展的问题点或时间点，然后可通过以下回应方式避免与客户共同纠结在该点上：

- 沉默，比如客户说“不知道答案”，同时陷入沉思时，教练可保持沉默，在这个安静的空间里客户会继续思考和探索，由双方共同等待其信息慢慢浮现出来。

- 提问，比如教练可以邀请客户将思路跳到其他或更高的视角看该点："您说当下不知道答案，那么如果您去到某个视角能够找到答案，您觉得会是哪些视角呢？"
- 反馈，比如教练可以表达对该点的看见："我留意到我们在这里已经迂回探讨两个来回了，您发现了吗？"

案例佐证

案例1

教练： 您减肥过程中动力不足的原因可能有哪些？*（教练支持客户探索减肥过程中动力不足的艰难来自哪里）*

客户： 可能是一些"重要不紧急"的事情。因为目前的生活方式是相对健康的，年龄也适中，没有到高危人群的年龄，所以内心当中改变的意愿和力量还不是那么强烈。

教练： 改变的意愿和力量还不是那么强烈，那么，您今天还想继续探讨这个减肥的话题吗？

……

教练和客户合作，支持客户探索动力不足的原因，引发了客户的觉察，并确认教练会谈的话题是否仍是之前的话题，是否是客户想要解决的问题。这个时刻支持客户与内心会谈，看见心理准备度，如果确定是其想要解决的问题，则需要双方共同度过艰难时刻，进入下一步会谈。

案例2

教练：您过往有没有经历过非常难的事情？*（教练通过提问，引发客户探索自身的资源，回顾类似经历，找到可能性，推动会谈的进展）*

客户：考研也很难。

教练：对比这两件事，关于写书和考研，您有什么发现？*（教练相信客户的潜能和资源，找到突破口）*

客户：发现改变处境的愿望不一样，写书这事我的意愿没那么强烈。我觉察到自己头脑可能已经准备好了，认为写书很重要，但是潜意识和心理还没准备好。

3.6 信守约定的保密度

能力描述

关键点

信守；保密度

1. “**信守**”：信守就是严格守信的意思。教练要信守承诺，只有信守承诺，才能和客户建立高信任关系。“保密度”中有个定语是“约定的”，也就是能力2.3中，教练与客户和所有关联方达成正式的教练服务协议时约定的保密度，比如教练报告不发给除客户之外的人、不录音等。

2.“**保密度**”：多方参与时，如果没有明确约定保密度，建立信任关系的过程可能会额外增强难度，因为保密级别模糊不清，需要教练时时与客户以口头或书面方式达成共识。

保密级别在教练会谈开始前就应明确，会谈开始后及结束后教练都要严格执行，信守口头或书面约定的保密度。例如，在教练服务协议中明确约定，此次报告发给谁，不发给谁（相关方如直接上级、HR部门等）。

案例佐证

个人客户：

教练：整个教练会谈过程中我们讨论到的内容我都将保密，也就是说，未经您的允许我不会把谈话内容透露给任何人。（*教练跟客户谈及并承诺保密*）

企业客户：

教练：您好，本次教练会谈中，与贵公司管理者约定的保密条款主要有以下几个方面……（*教练告知与公司约定的保密范围*）

我会遵守保密协议，与您的教练会谈我将确保在一个安全的场域进行，谈话内容只停留在您和我之间。（*教练向客户承诺*

将信守保密度的约定）

如果公司方面需要了解会谈内容，我会请他们直接向您了解。如果公司方面与我索取教练报告，我也会先将报告发给您，确认内容是否可以转发其他人，如有您认为不可以转发的内容，我会删除。关于这个，我会尊重听从您的决定。*（教练跟客户商谈如何向相关方汇报教练内容，谁来转发，转发前怎么与客户确认等）*

4

CHAPTER

能力 4

自我管理并保持教练同在

能力4

自我管理并保持教练同在

这项能力指教练管理自己的教练意识和教练状态，比如中正状态，运用自己的直觉和洞察力，带着好奇跟客户一起探索。当客户出现强烈情绪时，教练应表现出充足的信心，有能力做好自我情绪管理并且不受客户情绪的影响。

教练应保持当下的觉知，教练过程中，全身心投入整个教练会谈当中，不仅专注于客户的话题，还要兼顾客户整个人和其想要实现的会谈目标。教练应关注客户的能量变化，并且与客户合作，支持客户探索想要实现的部分。通过共情、回放等方式促进教练会谈的流动，抱持与客户匹配的同频共振的场域。

从物理学角度理解，当教练和客户达到高度同在时，会谈过程好似一个共振的空间，当两个波叠加时，将呈现“1+1＞2”的效应，这时教练可以支持客户感知其内在，比如共鸣点、连接感等。教练能唤起客户的觉察，即支持客户唤起对其内在的觉察。“您不能教会一个人任何东西，只能帮其在自己的内在找到答案”，教练为客户抱持这样的共振空间，支持客户连接内在并找到所需要的东西——可能是内在的资源，可能是某些限制，可能是干扰的部分。

教练会谈的每个当下，教练都要保持对“同在”的觉知，关于如何觉知，有如下两个方法：

- Zoom in贴进式：教练会谈当下，教练和客户的局部同在，如客户的身、心、灵等，或脑、心、腹3个能量中心，或声、语、意等其中某个部分，即教练充分感知客户的语言、情绪、未表达的意图等，进入客户的体验、意识流和潜意识流之中。
- Zoom out直升机式：教练会谈当下，教练同时感知自己的状态和客户的状态以及自己与客户共同所在的空间，有敏锐觉知力的教练，能够感知到场域中正在发生着的事情，也能够感知当下客户说出来的和没有说出来的部分（即弦外之音、冰山下的部分）。当教练有这份感知之后，可以告知客户：“我感知到您刚才说这句话时，您的弦外之音是……”通过教练的反馈来确认、揭露、展示冰山下面更多的东西。

教练的同在状态，可以支持教练在每一个当下进出自如，充分体验客户的局部和会谈空间的整体，比如会谈的每个空间和时间里前面发生了什么、现在发生了什么、30分钟之后会谈结束时客户想实现的是什么等。

4.1 密切地关注客户，全然地处于当下及投入

能力描述

关键点

密切地关注客户；全然地处于当下；投入

教练“**密切地关注客户，全然地处于当下及投入**”，指教练和客户在同一维度和空间，好比物理学的共振——当会谈呈现共振状态时，教练和客户渐渐融为一体，“你中有我，我中有你”。

1.“**密切地关注客户**”：教练的关注呈现在沉默、提出问题、描述性表达（反馈、回放、复述、总结）等。密切关注的是客户的整体，不仅关注客户说话的内容，还包括说话的方式（语音、语调等）、身体姿态、学习偏好、情绪反应、节奏、频率、能量变化、没说出的意图等。比如：

- 客户说不知道有哪些方法，教练在看见客户进入思考状态后应保持沉默并关注客户的表情和状态，等待客户思考后再讲话。
- 教练提问，支持客户深入探索或感知自身状态，“您说的这个新发现很有趣，这个发现怎么来的？”“现在，您觉得清晰一些了，是吧？”

- 教练回放，“您说这是一个关键点，之前您的态度很强硬，此刻发现如果稍微放松一点，比如偶尔允许一次，大家日子都好过一点”。

- 教练表达客户没说出的意图，“您说想到这个，挺开心的。我感觉您说开心是因为您有了确定的思路，之前说的那些犹豫和纠结都减弱了”。

- 教练密切地关注客户，包括支持客户在会谈里自由做出选择和表达，有以下几种做法：

①客户提出多个想要探讨的选项时，教练回放客户的要求并邀请客户选择接下来的探讨顺序，比如“您提到了三个方面，一是……二是……三是……接下来您准备按照怎样的顺序进行呢？”

②教练提出一个要探讨的方向，询问客户的决定，比如“第一点谈完了，我们现在可以进入第二点了吗？”

③会谈进行一段时间后，教练邀请客户总结或回顾之前会谈里的发生有无新觉察等，比如“关于您的这个案例，我感觉您学到了一些很重要的内容，现在您想聊聊这些内容吗？”

④教练邀请客户评价“会谈进行到目前为止，您觉得这样的节奏/信任度/开放度……怎么样？”等，比如“会谈进行到现在，您觉得这样的节奏可以吗？”

2.“**全然地处于当下的状态**”：是一种感觉和体验，是一系列存在、行为和连接方式的结果。当教练达到这种状态时，教练和客户融为一体，就像《道德经》中提到的“和光同尘”状态，仿佛光和尘相融为一体。此时的教练处在类似于“松、定、空”的状态里，没有自己的主张，大脑里没有产生有关自己的念头，身体也没有因会谈内容或教练关系等产生自己的情绪和意图等。比如：

客户：我也不知道说得对不对。

教练：那我们探讨些什么可以让您知道您说得对不对呢？

此对话里，教练没有给出自己的判断——“客户说得对还是不对”，而是邀请客户进入探索，“探讨些什么……？”

3. “**投入**”：教练将自己真正地放进会谈场域，和客户共处，伴随客户潜入内心的深海，跟随其共舞，无论客户想去的地方是哪里，教练都应放下自己的评判和干扰，带着一份好奇和全然的接纳，并且适当地调整自己的风格去匹配客户，创造一个安全、稳定的能量空间。在这里引用完形心理学的概念，教练对客户的信息收集有3类来源：外界（与自己外在的瞬间相关联的知觉，包括五感——视觉、听觉、触觉、嗅觉、味觉，比如看到的表情、嗅到的气味等）、内界（与自己身体内当下瞬间关联的感觉，包括感情、情绪、身体的感觉，比如喜悦、恐惧、紧张、饿、肩膀紧张、喉咙痒等）、中界（大脑运作的部分，包括想象，比如思考、判断、概括、分析、计划、比较等）。比如：

- 外界的感知与回应：“您说‘如果拨开水草就知道背后是什么’时，我看到您的右手放在这里，将拨未拨，此刻您愿意用右手去拨开看看吗？”“听您讲这个大海的画面时，我好像闻到了大海的味道扑面而来。”
- 内界的感知与回应：“听到您的这个故事，我感觉到好多失落压在心里。”“理解您的感受，顶着这么多压力真不容易，就像您说的‘心累’。”

- 中界的感知与回应：“我有个反馈给您，您说的这3个行动其实是一个循环，行动1……是开启，行动2……是过程，行动3……是复盘。您觉得呢？”

如果把核心能力2至能力8比喻为一个家族，家族可以用“**伙伴关系**”来命名。能力3的信任能力像这个家族的母亲，是关于人的部分，感性的情感连接的部分。一个拥有高信任感的人，有更自然、更高的意愿开放自己，与人连接。作为教练，要修炼自己的生命状态，首先要修炼的就是高信任感，这样可以支持客户开放自己，对教练产生一定的信任。能力4的同在能力像这个家族的父亲，是关于觉知的部分，教练在意识、潜意识层面和客户融为一体，和其光、同其尘，这些就是共振的过程。

教练应站在一个更高、更全面的视角——“要有一个上帝的视角”，比如教练站在与客户共创场域的上面，向下看，会看到更多，通过照镜子、反馈、强有力提问等方式支持客户未说出的部分浮出水面，好比海水落潮，礁石才能露出来，不露出来的话，客户只能隐隐约约知道，却意识不到是什么在起作用，教练以对话支持客户清晰化其潜意识，行动化其目标。

案例佐证

这是一个关于找到适合自己的方式方法，做出行动计划，让母亲能够保持这种轻松愉悦的心情带孩子的话题。

教练：我刚听到您说，您前期也尝试做了一些事情，但是我也听到了您好像有一个期待是“态度到位了”，但是感觉母亲好像没有太多愉悦，其实您更多的是期待她愉悦，是这样吗？*（教练密切地关注客户，不仅关注客户说出来的事情，也关注客户没说出来的期待）*

……

客户：我觉得对于吃喝方面，我母亲她不是很挑剔，也不是对物质生活要求那么高的人，这些只是锦上添花。虽然现在还没有那个底座，可能就谈不上锦上添花，我有想过，要不要再找一个时间和我母亲谈一谈。

教练：听您这么说，您似乎找到适合自己的方式了，而且也发现了在之前的方式上确实存在一些问题，有可能您觉得是让您母亲更加愉悦的方式，而她并不这么认为，反而会认为您多花钱。那带着这样的发现再看一看，关于今天您想要的结果，做一点行动计划，能够让您母亲保持这种愉悦的心情，而且是要以适合自己的方式，您拿到想要的那个结果了吗？*（教练密切地关注客户，回放客户前一段会谈中的关键词和客户在探索中的发现，同时，再次聚焦教练目标，以“适合自己的方式”询问客户）*

客户：对，我找到了，我知道该怎么做了，可能接下来我会在这周找个时间去具体执行。

教练：我感觉您的状态轻松一些了，我听到了您语气中的坚定。我也听到了您的决定，准备找个时间跟母亲谈一谈。（教

练密切地关注客户，回应客户的感受、情绪以及决定）

4.2 始终专注于约定的客户议程和结果

能力描述

关键点

始终专注；约定的客户议程和结果

1. **“始终专注”**：

教练会谈的过程中，双方应始终以客户的需求、感受为中心，围绕着客户想去的目的地和客户想要的节奏而展开。教练可在过程中随时核实客户对议程或结果的看法，比如：

- “此刻您谈到的这个想法，与今天想实现的那个结果有什么关联？”
- “比起开始共识的那个结果，您觉得现在进展如何？”
- “不知道进行到此，关于今天您想实现的结果，您感觉怎么样？”

如果教练会谈中，出现了不在约定范围内的话题，教练可以和客户合作、探讨，是继续谈论关于范围内的话题，还是放到下次会谈再处理。

2.“**约定的客户议程和结果**”：

客户想要的结果可能有很多，教练要与客户共识一个清晰的、有衡量性的教练结果和会谈议程，所谓“**重塑目标**”就是共识结果前教练跟客户澄清、聚焦和确认目标的过程。

如果会谈偏离了原定教练结果的方向或议程，即使是在核实教练会谈的进展时，也可以对照起初共识的教练结果和议程。比如，“您讲到这里时，我发现我们已经不在之前谈的范畴里了，您觉得呢？”

案例佐证

教练：您最后说的这句话，让我想到今天开始时您带来的是关于影响力的话题，此刻您说的这个授权能力提升的重要性，与今天您想找的“提升个人影响力到9分的方法”有什么联系？*（教练关注教练会谈的结果）*

客户：有很大的联系啊，比如……

教练：基于这些联系，接下来，我们将要探讨哪些可以提升个人影响力到9分的方法？

客户：关于哪些下属我可以完全授权吧，还有怎么授权……

4.3 灵活地行事，同时与自身的教练方式保持一致

能力描述

关键点

灵活地行事；与自身的教练方式保持一致

1.“**灵活地行事**”：指的是一种“**松**”的状态。教练会谈，更多地来自当下对客户风格和状态的感知，做到与客户同在，教练自然就可以创造发挥，实现与客户的共创。

在教练会谈过程中，教练应留意关于客户的以下内容：

（1）思考方式，比如他是比较细节地去“点对点”讨论，还是有一个全局观，进行整体性和系统性的思考，或者他采用的是寻找事物之间规律性的思考方式。

（2）讲话偏好方式，如客户用第二人称描述发生在自己身上的事情以及客户的口头禅等。

（3）学习偏好，比如有些人是视觉型的学习者，有些人是听觉型的学习者，有些人是动觉型的学习者。

这些都是客户的偏好，教练应留意到客户的这些偏好，才可以用客户习惯的或者是更容易促进客户整合信息的方式来唤起觉察。也就是说，教练可以一起潜入客户的内在系统，用客户的感知系统、决定系统、整合系统来做到教练会谈当下的共创。

2. “**与自身的教练方式保持一致**”：这个教练方式来自教练内在的稳定的状态。教练应首先和自己同在，保持“稳”的状态，无论当下发生什么。

案例佐证

客户：我感觉身处雾天当中，虽然我知道大方向是在前方，但因为有雾，路就不那么清晰了，所以就会有身处雾境之中的感觉。然后我说的属于自己的那一条清晰的路，是既符合我自己风格的，又好玩的，所以我会很愿意在这条路上一直走，不仅非常的轻松，同时又可以起到练习的作用。（*此时客户有双手分开的动作*）

教练：您提到了在自己的路上，当听到这些的时候，我的眼前看到的是一条充满了迷雾的路，想要去把它拨开。您觉得有什么样的资源可以帮助到您去看清这条轻松快乐之路呢？（*此时结合客户描述时的手势和教练当下的感知，教练依照直觉针对客户的情境发问*）

客户：我想到的第一个是，等太阳出来了迷雾就自然而然地散去了。

教练：太阳出来了，迷雾就自然而然地散去了。这个太阳是指什么呢？（*此处“太阳是指什么的”发问，体现了根据客户的描述，教练灵活地行事*）

4.4 与自身的价值观保持一致，同时尊重客户的价值观

能力描述

关键点

价值观；与自身的价值观保持一致，同事尊重客户的价值观

1.“**价值观**”：是人们对于是非对错的认定标准，是人们选择和什么人相处、做怎样的决定的内在依据。价值观在成长中慢慢地形成，不断更新，不断重塑，每个人的经历和性格不同，就会有不同的价值观。

2.“**与自身的价值观保持一致，同时尊重客户的价值观**”：是指教练保持自我，保持自己的价值观，同时尊重客户的价值观，尊重和允许多种价值观共存。

没有唯一正确的价值观，因为每个人性格不同，在乎的东西不同，自然会拥有不同的价值观。教练不要试图找到绝对正确的理论和做法，也不要试图批评或否定某种理念。

尊重并理解客户的价值观并不意味着教练要完全听从客户的意见，而是教练对客户的价值观抱持充分的尊重。

案例佐证

这是一个关于“之前愿意坚持跑步，现在想跑却不愿行动”的案例的部分会谈内容。

教练：我刚刚听您说您有各种理由推搪跑步这项活动，比如“早晨我要跑步，但是我有小组的晨练，晚上可能有其他的事”，听起来似乎有一个排序，而且教练的练习排序高于跑步。

客户：是的。

教练：如果深入聊一聊的话，练习教练对您来说意味着什么？

客户：我觉得做教练呢，这是我的职责，就像上班一样，我不可能不去上班而去跑步。

教练：如果您尽到了这样的职责，会给您带来什么好处？

客户：我觉得首先这是个底线，其次去做教练，肯定会有学习上的收获。

教练：那么跑步对您来说意味着什么？

客户：跑步的话，运动起来就会感到很舒服呀，会更健康。

教练：成长、职责，还有健康、舒服，听起来有一个选择上的排序，是吗？*（此处把客户行为选择背后的重要性排序反照给客户，尊重客户的选择和价值观，不加评判）*

客户：是。

4.5 确保教练所采取的介入行为使客户得到最好结果

能力描述

关键点

使客户得到最好结果

教练会谈里，当客户沉浸于某个冗长故事的叙述中时，或者没有正面回答教练提问时，教练的持续聆听可能不是有效的等待。会谈里有价值的部分往往不是来自已经发生的事，而是来自探索叙事背后更深层的觉察或意义。所以教练采取介入的行为对会谈的有效性能起到促进作用。

而教练的不当介入可能是一种打断，那么如何判断应何时介入呢？当客户用较长的时间叙述故事、描述细节时，或者客户所谈的内容偏离之前共识的会谈目标方向时，或者当客户提出无法继续进行会谈时，或者客户请求教练介入时……教练都可以采取介入行为。

“使客户得到最好结果”：教练介入的目的，所以当客户逐步进入更深的觉察时，教练不需采取介入行为。教练会谈当下，什么是客户得到的最好结果？就是客户距离实现其想要的会谈结果更近的部分，可能是客户新的觉察或洞察，可能是客户想到的实现其目标结果的可选措施或行动等。比如客户有新觉察，通过本次会谈客户想实现的结果有所进展。即教练采取介入行为是有意图的，是让客户实现其觉察和洞察、实现本次会谈的结果。

实操要点

实际操作上，教练感知到需要介入时，可以向客户请求允许。比如，教练可以向客户表达想要介入的意图（即借由介入），支持客户产生觉察、洞察或聚焦会谈目标等。请求客户允许时，教练可以通过邀约，请客户选择是否需要被介入，或者请客户确认现在进行的揽活是否是其想要的或是否在实现会谈目标的方向上等。

常用的介入方式：

- 教练邀请客户关注其身体。比如，教练感受到客户的情绪有比较强烈的变化，可以邀请客户深呼吸后扫视身体，寻找能感知到情绪能量的部位；教练可邀请客户把意识、注意力集中在情绪能量所在的部位，进而更敏锐地感知情绪，透过情绪与内在意图做连接和探索，引发新的觉察和洞察。除了情绪，教练也可邀请客户和其在会谈中与自发的身体动作连接，比如客户自发、无意识地做了一个身体动作，教练可以反馈给客户，获得允许后邀请客户感知这个动作，探索动作背后客户在无意识里传递的信息。
- 换框、换视角。邀请客户去不同的位置，比如不同时间段的他/她，不同状态下的他/她，身边的人会怎么看他/她等。
- 隐喻。是客户的潜意识里提取信息的方式。运用隐喻时教练需保持同在状态，而不能做引导。有时客户会自发地用隐喻表达其内容，教练可在客户的隐喻里支持客户探索、觉察和洞察。有时教练感知到客户的信息后，会产生一个隐喻，并回放给客户，支持客户的探索、觉察或洞察。比如客户说，“我很讨厌这个人，但总也甩不掉他，而且每次跟他在一起时，我就觉得很烦躁”，教练感知客户的情绪并产生一个隐喻：“听您这么讲，我感觉他好像您的影子，但相处时让您感到很烦躁。”如果教练发起让客户创建隐喻的行为，属于引导行为，不在同在状态，有可能进入治疗模式，教练需要对此（自身发起让客户创建隐喻的行为和意图）保持觉知。

- 视觉化。会谈时，教练感知到客户的信息，将其视觉化，产生画面时，可以反馈给客户；如果教练邀请客户用视觉化的画面来表达，属于引导，不在同在状态。
- 排列。当支持客户进行关于系统的话题时，如家庭关系、团队协作关系等，可以运用一些人偶等物品，每个物品代表一个人或事件，邀请客户排列和摆放人偶物品，然后询问客户有什么发现，接着还可以继续邀请客户将物品重新摆放出他/她想要的样子，再询问客户有什么发现、有什么决定、有什么行动等，通过物品的摆放直接把客户的潜意识具像化、呈现出来，唤起客户的觉察。
- 还有画画、OH卡[①]等方式。

---

① OH卡由在加拿大攻读人本心理学硕士的德国人Moritz Egetmeyer和墨西哥裔艺术家Ely Raman共同研发，是包括“自由联想卡”及“潜意识投射卡”的系统工具。

案例佐证

客户：我发现我内在有两个部分，一个是我的动力，是关于金钱、权力和欲望的；另一个是关于能力抱负和成就的。

教练：您已经找到这两个部分，现在我想请您看看，到底哪个部分在您心里占了更大的分量，让您想要您的公司上市呢？*（此处表达教练的邀请）*

客户：嗯，好的。

教练：好，那您是想我来引导您去看呢，还是您现在自己就能找出这个答案？*（此处教练在介入前与客户做出合作约定，征求客户的选择）*

客户：我自己其实知道这些东西，但是一直没有找到具体的答案，请教练引导一下。

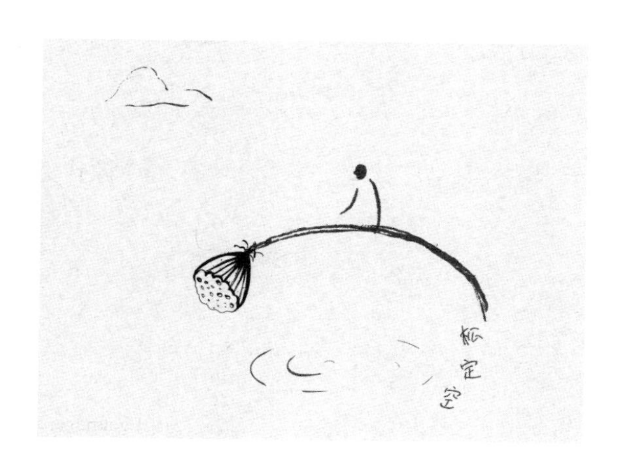

CHAPTER 5

能力 5

有效地沟通

能力5

有效地沟通

有效沟通涉及两个核心能力：“**倾听**”与“**回应**”。回应包括3类：沉默、提问、陈述性表达（如反馈、确认、总结等）。

倾听能帮助教练更准确地理解和接收客户已表达和未表达的信息，从而支持客户保持前进的动力，朝着想要的方向前行，不断获得结果。因此，倾听贯穿会谈始终。比如，倾听可以支持教练核心能力3“与客户建立基于信任的关系”，倾听是同理心的基础，能帮助教练感受客户的感受，与客户建立共情关系和深度连接。能深度聆听的教练会让客户感到被关注、尊重、理解等，也能支持客户自由、安全地表达自己。

提问能激发客户从不同角度进行思考，看到之前没有看见的信息和资源或者唤起更多有价值的觉察，从而找到实现结果的资源。需要留意的是好的提问要结合倾听。没有接收到客户所表达或未表达出的信息时作出的提问，会引导客户走向教练感兴趣的方向，而不是支持客户探询其想去的方向。

反馈能力，具体到核心能力项，在如下几个能力项中有所体现：

能力3.5　开放、诚实地行事，包括处理会谈、运用自身及个人的反应为客户提供反馈、避免与客户共同纠结在困难上。

能力5.4　提供相关的信息和反馈，支持客户的学习及目标。

能力5.6　恰当、直接地把听到的、观察到的、感受到的反馈出来，但不执着于自己是对的。

能力6.4　提供相关的观察性反馈，使客户自由地选择是否就此采取行动。

能力6.5　通过提供“此时此地”性反馈，使用教练“自身”作为客户发展自我觉察及新认知的资源。

其中能力5.4的反馈内容包括：客户的情绪、语言、行为、动作及其背后的信息等；教练的感受、观点、观察、直觉等。

能力5，除倾听、提问和反馈外，还有综合倾听与回应的几个能力项，比如能力5.2“使用直接、易懂的语言推动客户迈向约定的结果”；能力5.5“清晰、自信和可信地与客户沟通，启发出更多可能性”等。

5.1　呈现出有效的倾听、澄清能力、区分说出的与没说出的部分

能力描述

关键点

有效的倾听；有效的澄清；有效的区分客户说出的与没说出的部分

1.“**有效的倾听**”：做到“**有效的倾听**”是教练的核心能力。我们很容易将“倾听”和“听到”混为一谈。其实，两者之间有很大区别。教练做到有效的倾听，注意力完全聚焦在客户（讲话者）身上，能够理解客户表达出的和未表达出的部分。

好比人是一座冰山，我们所看到、听到的只是冰山一角。要真正了解客户、连接客户，就必须关注客户冰山下的部分。教练拥有“有效的倾听”能力，可以更深入地探询或发现客户的想法、感受、意图、信念、价值观、规条、期待、渴望等。

有效的倾听，会让客户感受到被关注、被接纳和被尊重，有助于建立信任关系，让客户更愿意表达自己。听得懂才能对得上话。有效的倾听，是教练邀请客户打开内在城堡的激请函，是与客户顺畅沟通的桥梁。

倾听在教练会谈中如此重要，但做到有效的倾听却不是一

件容易的事情。教练倾听时，可能会遭遇以下几个方面的障碍：

（1）教练与客户信念系统的不同

教练与客户信念系统的不同，有时造成教练在教练会谈中产生负面情绪，比如急躁、厌烦等。客户讲述过程中呈现出来的信念、价值观、规条，如果教练不认可、不接纳甚至与教练的信念系统相冲突时，教练的情绪会被影响，有时甚至产生负面的态度和反应。

教练要学会接纳客户与自己有不一样的信念、价值观和规条。虽然接纳不等于认同，但接纳会带来尊重和理解。

只有当教练以真诚、接纳、尊重、好奇、欣赏、聚焦、信任、开放等态度倾听时，客户才更愿意开放自己，双方才更能建立有效的沟通场域。而带有偏见和评判地对待客户，会让教练在教练会谈过程中产生很多自己的想法，无法保持中正的状态，更无法支持客户产生纯粹的觉察，这样不仅会让教练会谈的效果大打折扣，还会影响双方的信任关系。

（2）大脑接收信息的阈限

1970年宾夕法尼亚大学的一项研究指出，人类每秒都被200万比特的数据所包裹着。但这些数据经过大脑中的过滤器后，最终被接受的数据只有134比特/秒。绝大多数信息都被大脑过滤掉了。好像净水器一样，滤心由不同的物质组成，大脑的过滤器，由我们的信念、价值观、规条、记忆、策略、固有模式等组成，帮助我们过滤信息。大脑要采集什么信息，都由这个过滤器决定，每个人大脑的过滤器是不一样的，都是在各自的人生经历中建立起来的。

因此，教练会谈过程中，有可能很多信息会被过滤掉，这就要求教练保持专注、聚焦，从而在教练会谈过程中，能够感知到更多信息。所以，教练的日常大脑训练，如静心、冥想等，是教练必不可少的专业训练功课。

（3）教练有自己的期待

教练一旦有自己的期待，就容易失去教练的同在和中正的状态。教练的期待会带着会谈走向教练想要的方向，而非客户想要的结果。

当教练带着自己的期待进入教练会谈时，当客户所谈内容非教练所期待的内容时，教练可能在自己的期待引领下失去深度倾听，提出引导性问题等。比如，客户谈到拖延症，谈到自己出现拖延的现象后，教练基于自己的经验和认知，认为客户需要解决此现象中的A问题就能解决拖延问题，于是在接下来的会谈中教练会引领客户围绕A问题进行。而客户是一个庞大的系统，A问题只是客户系统中的一个部分，整场会谈结束时，围绕A问题有了更多的分析，只能说这是基于教练的经验所导向的结果，并非基于一场双方的充分探讨和共创所得出的结果。

尤其需要关注的是，所有提问都具有引导性，所以教练在全然聆听对方和同在、中正的状态下提出问题，而非基于本人的经验、偏好提出问题。教练应严谨地对待会谈，保持对自身状态的觉知，这也是对客户和对教练职业的一份尊重。

教练有效倾听能力的体现：（1）准确复述关键词；（2）适时总结；（3）反馈感受，也就是同理心倾听；（4）对客户的话语保持好奇；（5）关注客户冰山下的内容。

案例佐证

案例1

教练：我想总结下刚刚这一段谈话，您刚才表达的是……是这样的吗？（*教练通过适时总结，确保倾听的信息的准确性*）

客户：是的，没错。

案例2

教练：听起来您的感受是……是这样的吗？（*教练运用同理心倾听，正确概括对方的情绪*）

客户：对，就是这样的。

案例3

教练：对这个部分您可以再多说一些吗？（*教练表现出对客户的好奇*）

客户：……

案例4

教练：我听到您讲的部分里有一个信念……（*教练关注客户的冰山下部分*）

客户：是的，这个信念是……

2.“**有效的澄清**”：为什么需要澄清？先了解两个关于语言学的概念：“表层结构”和“深层结构”。这两个概念由美国语言学家乔姆斯基（N.Chomsky）提出。

“**表层结构**”指我们平时看到的或听到的，是根据一定语法组织起来的一串词，即人们实际上写的或说出来的句子，就是句子的表层结构，表层结构是存在于客户意识层面的。

“**深层结构**”指人们心理上的认知，包含我们的思维、信念、价值观、规条、期待、渴望等，它们存在于人们的潜意识之中，不易被观察到。

“表层结构”由“深层结构”转换而来。从深层到表层的转换过程，是将心理上的认知通过投射、衍生转化成为语言的过程。因此，语言就是客户内在深海的外在显露。教练要有能力准确地接收客户的信息，要想了解客户的内在深海，就必须识别客户的表层结构，通过澄清，一点一点地触及客户的“深层结构”。

神经语言程序学的理论认为：人的语言模式有3种，即扭曲/夸张、一般化、删减。因此，教练通过倾听客户语言，即客户的表层结构，运用这3种模式进行澄清，探询出客户的深层结构，即探询客户潜意识部分以及客户的心智模式；陪伴客户深入探询其内在；引领客户看到那些在转换过程中没有被看见的信息，这些信息往往蕴含着能够帮助客户解决问题的内容。

（1）扭曲/夸张

语言将内在的深层结构中复杂、模糊的数据转换为简单、清晰的文字符号或语言。转换的过程中，一些信息很有可能被扭曲/夸张，有演绎、遗失、因果、复合等同、假设前提5种表现形式。如“您不爱我”这句话的表层结构就是演绎。

扭曲/夸张的表现有两种：一种是认为自己知道对方的想法和感受；另一种是认为对方知道自己的想法和感受。面对扭曲/夸张，教练澄清能力的体现是寻找出说话者的信息来源，可以通过提问的方式回应，如“是什么原因让您这样认为？”

“老板从来不表扬我，老板不认可我”，这是一个典型的复合等同，教练的澄清是了解这两件事情有什么关联。回应的提问可以是“不表扬等于不认可？”“认可就一定要表扬？”“表扬和认可有些什么样的关联？”通过回应来澄清两件事情的关系。

（2）一般化

一般化通过整体性的数量词、必需性语态、可能性语态等表现出来。

（3）删减

删减发生在从深层到表层转换的过程中。有名词化、无特定的动词、无主语、比较性删除等几种表现形式。

以上3种是人们的思维加工外在和内在信息的方式。理解这3种方式，通过有效澄清，可以帮助教练与客户一起碰触客户的内在，支持客户了解其真正想表达的是什么。

案例佐证

案例1

客户：这样是不允许的。*（客户没有说明说话者是谁。属于扭曲/夸张的语言模式中的遗失的说话者）*

教练：是谁不允许的呢？*（教练对“遗失的说话者”进行澄清）*

案例2

客户：我的上司从不表扬我，他一定是不喜欢我。*（客户呈现的属于扭曲/夸张的语言模式中的复合等同）*

教练：您的上司有表扬其他同事吗？*（教练对客户的复合等同进行澄清）*

案例3

客户：作为管理者，必须要以身作则。（*客户呈现的是一般化的语言模式中的必需性语态*）

教练：如果不以身作则呢，会发生什么？有没有可能会有例外的情况出现？（*教练在对必需性语态进行澄清*）

案例4

客户：这是我目前最好的选择。（*客户的语言中只有比较的结果，而没有说明比较的对象，属于删减的语言模式中的比较性删除*）

教练：最好的选择，听起来，还有其他的选项对吗？

客户：是的。

教练：好的，我想知道其他的选项是什么样的。（*教练对客户语言中删除的比较对象进行澄清*）

---

3. “**有效的区分**”：“有效的区分”建立在有效的倾听基础上，分为“**说出的**”和“**没有说出的**”两个部分。

美国心理学家、传播学家艾伯特·梅拉比安（Albert Mehrabian）的研究结果——沟通“55387”定律指出，人类在沟通中表达的全部信息=55%的肢体语言信息+38%的声音信息+7%的语言信息。

这说明，我们在沟通中所听到的语言内容只占沟通信息总量的7%，还有很重要的信息来源于沟通时的声音信息和肢体语言信息。

下图是沟通的“冰山模型”，在冰山模型中，客户“**说出的**”是指客户的语言内容。

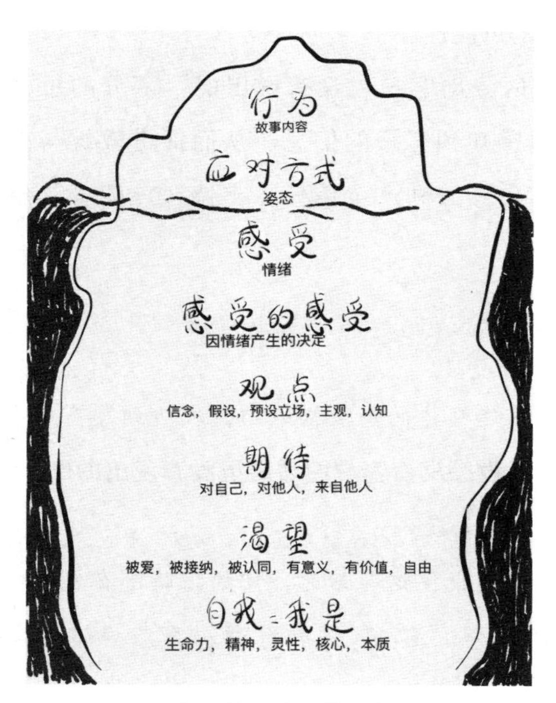

沟通的“冰山模型”

教练应透过冰山上显露的信息，更深入地关注客户冰山下的部分。这些冰山下内容，也是客户“**没有说出的**”部分，除了可以被观察到的，不仅包括客户的声音信息（语音、语调、语速）、肢体语言信息（包括面部表情、身体动作等），还包括以下几个方面：

①内隐语言，包括：想法、内心对话等；

②感受：在沟通过程中，话语里带有大量的情绪体验；

③言外之意：意图；

④信念、价值观、规条；

⑤其他的可能性。

教练能区分出客户“**没有说出的**”部分的意义在于教练能更准确地感知到客户的信息。从而促进教练与客户产生连接，帮助客户开放和产生信任，支持客户朝着其想要的方向前进。

案例佐证

教练：从您刚才的一段描述中，我听到您有一个信念……是这样吗？（*教练反馈客户的话语里没有说出的部分*）

您真正想要的是……吗？

我观察到您说完这句话时，您的眼睛都在发亮，我猜这是您感兴趣的部分，是吗？（*教练通过客户身体语言探询客户“没有说出的”部分*）

刚才您说这段话的时候，我感觉您的语速比之前加快了不少，是什么原因？（*教练通过客户声音、语调、语速，探询客户“没有说出的”部分*）

这两种情况当中，一种是一动脑，就会比较懒惰；另一种是一动脑，就会跑偏、溜号，哪一种最会干扰到您？*（澄清）*

在最干扰您的这种情况里面，什么事件最有干扰性？*（澄清到底哪个具体的事件对客户更有干扰性）*

这是您认为的还是他认为的？*（澄清）*

归根结底还是他设定的目标的问题，也就是说目标不明确导致您的拖延症状，是吗？*（澄清）*

5.2 使用直接、易懂的语言推动客户迈向约定的结果

能力描述

关键点

直接、易懂的语言；约定的结果

1. **“直接、易懂的语言”**：的语言指直抵核心、不绕弯、开门见山的语言；**“易懂”**的语言指容易理解的“大白话”，能够让人一听就明白，不晦涩、复杂。

2. **“约定的结果”**：可以指一个结果或多个结果。一个大的结果中，有可能被拆分为多个子结果。如客户想的结果是“建

立一支高绩效的团队”，这个大结果根据客户情境可以拆分出多个子结果，比如“业绩提高30%”“提高相关的专业技能”“提高团队成员间的信任关系”等。

“直接、易懂的语言”能支持教练会谈的高效进行并保证准确地传递信息。**“推动客户迈向约定的结果”**是该项能力的目的，即该项能力的价值与意义。

案例佐证

案例1

教练：这次教练会谈，您希望获得什么样的具体结果？

客户：我想要提高我们团队这个月的绩效。

教练：怎样算是达到您想要的目标呢？

客户：超额20%完成吧。

教练：好的，那我们今天就以“超额20%完成本月业绩”为主题，一起进行探索，是吗？

客户：是的。

教练：现在您遇到了哪些方面的挑战？

此案例中，教练提出的问题均直接、易懂，同时均为推动约定的结果而开展。

案例2

教练：您说绝对清楚您自己。基于这份清楚，接下来我们探讨怎样来实现您提高做事效率这个目标。（*使用直接、易懂的语言*）

您说的这些大目标、小目标，这一段信息对于您提高做事效率有什么帮助？（*迈向约定的结果*）

此案例中，教练提出的问题直接、易懂，第二个提问推动了客户思考当下内容与其想要的目标之间的联系。

5.3 调整自身的沟通风格，反照出客户的需求和结果

能力描述

关键点

调整自身的沟通风格；反照出客户的需求和结果

1. **“调整自身的沟通风格”**：每一位教练的工作方式或者沟通方式都不一样，有的教练关注同理心沟通；有的教练关注客户的内在动力；有的教练关注理性信息等。其中静默也属于沟通风格的一种，可能在会谈中静默得稍久一些，客户就会有些隐性的东西浮现出来。

同样，不同客户能接受的沟通方式也不同，教练可以根据客户的偏好进行调整。如对方是视觉型，注重眼见为实，教练可带客户看成功画面；感觉型的人更期待被以同理地对待，教练可多关注客户的感受。所以，教练应时刻关注自己的沟通方式是否能匹配客户乐于接受的方式，当教练发现一种沟通方式不奏效时，可以调整沟通风格，以匹配客户愿意接受的方式。如教练邀请客户想象成功画面时，客户卡住了，不能想象到画面，此时教练可以转换为与客户风格匹配的方式，如尝试运用客户的听觉系统——您会听到身边的人如何评价您？这样客户才更愿意打开自己，基于开放和信任，双方才更有可能深入地探索客户的内在，碰触客户真正的需求和想要实现的结果。

2. **“反照出客户的需求和结果”**：有时，客户一开始提出的需要和期待的结果，并不是其真正想要的，可能客户也不清楚自己想要什么。此时教练可以反照，即教练陪同客户一起潜入其内在深海，连接到客户冰山下的价值观、信念、规条等，与客户一起探索，发现之前没有看见的部分，从而支持客户看见真正想要的是什么，教练的动作好像“照镜子”一样。“**反照**”在这里的意思是如实地呈现，如其所是。

案例佐证

案例1

教练：假设一年以后，您达成了这个目标，您会看到什么样的场景？

客户：我看不到那个画面。（*教练的发问是视觉型的，而客户的回答呈现出视觉型的沟通方法不奏效*）

教练：假设一年以后，您已经达成了这个目标，您会有什么样的感受？（*教练调整到感觉型的沟通风格*）

客户：兴奋、激动。

教练：您会如何看待自己？

客户：我有能力，有价值，是一个值得依赖的人。

教练：这个结果，是您真正想要的结果吗？

案例2

教练：当您做出这个决定时，您有什么样的感受？

客户：我觉得这样很好啊，我感到很舒畅。（*教练的提问是关于感受的，客户的回答呈现出客户是偏向理性的*）

教练：那您还有哪些想法？（*教练调整沟通的方式，从感性沟通转向理性沟通*）

5.4 提供相关的信息和反馈，支持客户的学习及目标

能力描述

关键点

提供相关的信息和反馈；客户的学习及目标

1.“**提供相关的信息和反馈**”：“**相关信息**”指教练在会谈过程中的观察、直觉、感受、想法等，这些信息与实现客户的学习和目标相关。如果教练给出的信息与客户的学习和目标不相关的话，就好比射箭脱靶了，会谈会转到教练感兴趣的频道，而非客户的频道。教练需要有其他的教练能力才能做到这一点，如要有很强的倾听能力并全然地聚焦在客户身上；提出有效问题的能力；有很好的教练状态，很强的同理心等。

2.“**客户的学习**”：指的是客户对身处的情境或者对讨论的事件的觉察、思考、领悟，并获得新发现的过程。“**客户的目标**”指的是客户想要实现的目标或者结果。

因此，对这项能力指标的完整解读是：教练收集教练会谈过程中的观察、直觉、感受、想法等信息，并反馈给客户，以供客户对身处的情境或者面对的事件进行觉察、思考、领悟并且获得新发现，或者通过这些信息的反馈支持客户实现目标、达成结果。

案例佐证

案例1

教练：我听到当时的场景是，对方有情绪时，您也感到愤怒，接着您的情绪爆发了出来，是这样吗？

客户：是的，没错。

教练：您以前也遇到过相似的情况吗？

客户：是的，经常遇到。

教练：这可能是您的一个情绪模式，您认为呢？

客户：对的，这是我的情绪模式。

教练：您认为这样的情绪模式，对于您来说有什么益处呢？

客户：对于我来说，好处是保护自己不被欺负。

教练：您认为这样的情绪模式，对于您来说要付出什么样的代价？

客户：可能会让事情变得更糟糕，自己也陷入负面情绪中。

此案例中，教练运用有效的倾听、有效的澄清等能力，确认客户的情绪模式，通过进一步的提问，支持客户从益处和代价正反两面，二元性地探索所经历的事件，从而对事件进行学习，来实现其想要的目标和结果。

案例2

客户：我想做到“日拱一卒”，具体我要做些事，也许是一件事也许是两三件事。

教练：为什么要做到“日拱一卒”呢？

客户：很多东西学了就忘，我屯了很多课程，也没有输出，每天学一些或者是做一些什么对自己的成长也是有帮助的，所以别人的话题引发了我的思考，但是在做之前我认为应先想好再付诸行动。

教练：刚才听到您讲到3个动词，“学”“输出”和“做”，对您来讲，这3个动作同时放在您眼前的话，哪个最让您感兴趣？（*教练反馈其总结的3个关键词，支持客户选择想就哪个方面进行探讨*）

客户：（*思考*）……我会选择先动起来，因为之前学习了很多内容，但学了之后没有动起来，所以还是先“做”起来吧。

教练：先做起来，您指哪些事？

客户：是的，我现在有好多想要做的事，第一个是……第二……第三……第四……（*省略对事件的描述*）所以这四件事要分出轻重缓急，有一个整体的规划和安排。

教练：我有一种感觉，您对自己有很高的要求。（*教练反馈自身的感受、观点*）

客户：理想很丰满，现实很骨感，总想做到但是往往做不到。

教练：做不到的原因是什么？

客户：……时间的瓶颈。

此案例中，客户想找到自己想要做的事情，通过教练的反馈让客户对想“做”的事情指向更加明确，并且教练通过自己感受的反馈让客户对现状及背后的原因展开更多思考。

5.5 清晰、自信和可信地与客户沟通，启发出更多可能性

能力描述

关键点

清晰；自信；可信

1.“**清晰**”：这项能力是对“**有效性**”的考验，“**清晰**”常常表现为教练与客户之间的沟通是直接的、明确的，发问或者反照的内容是简单易懂的，是符合客户的认知系统的，与合约相关的。

2.“**自信**”：是教练的状态呈现，助力于与客户“**伙伴关系**”的建立，在会谈过程中教练与客户时刻保持平等的伙伴关系，同时也要有能力在客户同意的情况下，在会谈中表达教练当下的感受、想法，并时刻提醒客户需要为自己担责，而教练不需要迎合或者满足客户，会谈中更不允许带有教练自己的期待。

3.“**可信**”：出现在会谈过程中，教练在提问和叙述内容的

同时，借助对客户肢体或者状态上的观察，尽可能还原客户的本意，客户有时会不自觉地重复某些词汇、出现一些肢体上的状态或一些情绪上的波动，这些内容都是客户无意识的表现，但是其背后会投射出更深层次的内容。教练像“镜子”般，让客户看到自己真实的样子，并通过这种观察让客户更全面地看待自身要解决的问题，从而启发出更多可能性。

案例佐证

案例 1

（客户找教练进行会谈，期望教练可以帮助他解决与同事间相处方式的问题。）

教练： 30分钟教练会谈结束之后，您想达成的结果是什么？（*清晰沟通，与客户确定确定时限内需要达成的结果*）

客户： 我希望可以找到一个与同事更好相处的方法。

教练： 您认为比较好的相处方式，是什么样的？（*帮助客户清晰“好的相处方式”是什么*）

客户： 我这个同事专业能力很强，但是有时候会不顾场合地贬低我以抬高自己，这让我很难过；同时在生活中我们又是很好的朋友，我不想也不愿意因为这些事跟他闹得不愉快，不过总是被他在公众场合贬低会让我很难堪。我希望他能尊重我，哪怕我有做得不好的地方，也可以私下或者用更缓和的方式告诉我。

教练： 听上去您非常困惑，不过我希望您可以回答我的问题，在30分钟教练会谈结束后，您希望得出的好的相处方式是什么样的？（*自信沟通，教练提醒客户回答教练的疑问，让客户意识到，他需要为最后结果的达成承担责任*）

客户：我希望他可以给予我足够的尊重，不要在同事面前贬低我。

教练：我有注意到您提到过3次“贬低”，第一次是提到同事会不顾场合地贬低您来抬高他自己，第二次是您觉得总是被他在公众场合贬低会让您很难堪，第三次是您希望他不要在同事面前贬低您，对于这个您怎么看？（*可信的沟通，用客户原话给予客户反照，精准数据和谈话内容可以引导客户向内探询*）

客户：对，这让我很没有面子，其实我知道他没什么恶意，抛开他贬低我这件事，我对他这个人还是非常认可的。

教练：所以如果解决了“他贬低您”这个问题，是否就能拿到您想要的结果？（*再一次帮助客户清晰他需要解决的问题，也是明确约定的过程*）

客户：是的，我才意识到，我讨厌的只有这个！

案例2

客户：效率高的人就会说，因为这是他要做的事情，所以他会去做，而我可能就会往后拖一拖再去做。

教练：麻烦您对照一下，您和他最大的不同是什么？（*直接做出反馈*）

案例3

客户：应该也会有，但是也没有印象特别深刻的事。工作中肯定有很多需要动脑子的事，然后又不得不做，反正后来做下来那也没什么稀奇的，所以也就没有什么深刻的印象。

教练：没什么稀奇的，那么您想要的是什么？（*直接做出反馈*）

5.6 恰当、直接地把听到的、观察到的、感受到的反馈出来，但不执着于自己是对的

能力描述

关键点

恰当、真实地；反馈

1. **“恰当、真实地”**：这项能力把**“照镜子”**做到了更高程

度，由教练唤起一种更加平等、开放的关系，教练需要以“**拿合约**”的形式，向客户确认是否愿意让教练在会谈的当下就反馈其听到、观察到、感受到的内容，同时把选择权交给客户，当客户拒绝或者持反对意见时，教练不应执着于自己的系统，不影响会谈的进程或者教练的状态。

“**真实地**”向客户呈现教练的状态，是对“**伙伴关系**”的认可。教练真实地表达自我，会帮助客户更加深入地了解自己的处境，从而帮助客户获得新的领悟或者新的觉察。同时“教练一定可以解决问题”“教练该为客户服务”“因为我是教练所以我要……”这些对教练的期待，反而会成为“伙伴关系”建立的阻碍，注意力也会从客户转移到教练自身，就会出现头脑空白、无法继续进行会谈的困境。所以教练会谈的过程也是教练向客户呈现自己生命状态的过程。

2.“**反馈**”：反馈能力的训练，对于MCC状态[①]的修炼是很重要的，因为如果教练是在一个足够“松、定、空——觉”的状态下，反馈可以让教练从客户处学到更多，哪怕教练的MCC状态还不够好，但是因为教练经常会用反馈的方法，就可以不断地和客户碰撞，知道自己的状态怎么样。

---

① MCC(Master Certified Coach)状态指教练在纯然无我的临在状态下，与客户、教练自身、场域高度连接。

案例佐证

教练：刚才当您提到“您讨厌的只有这个”的时候，我的感受是您很愤怒，好像一颗情感地雷，随时会被引爆。这是我的感受，您怎么看？（*教练向客户表达在会谈当下自己的感受，不执着于自己是对的*）

客户：我确实非常生气，我把他当作朋友，他却这样对我，这真的是我跟他关系中的地雷，如果哪一天引爆了，那可能连朋友都做不成了。

教练：我观察到您在谈到“朋友”的时候，语音特别重。（*教练表达自己观察到的内容，包括重点词汇“朋友”及其重音，“照镜子”*）

客户：是的，要是别的同事说我也就算了，可能没有这么生气，可我们私下关系很好，也是很好的朋友，他这么说我，我就很难接受了。

教练：您谈到这些的时候，给我的感受是，如果我是您的朋友，我需要注意跟您之间的相处方式。（*教练向客户表达了假设作为朋友，教练的感受*）

客户：您这么说，我倒是有了觉察。（*沉默了大约40秒*）我似乎从来没有告诉过他，这种方式我不喜欢，他倒是告诉过我他喜欢比较随意的相处方式。我觉察到解决这件事的方法似乎在我自己身上。

教练：我很好奇，您会用什么方式去解决？

客户：有机会的时候，我会当面问他，在其他同事面前是不是可以照顾一下我的面子。*（客户原话有很多内容，总结为以上这句话）*

6

CHAPTER

能力 6

唤起觉察与洞察

能力6

唤起觉察与洞察

“唤起”，呈现了教练与客户的伙伴关系里教练的支持者角色，通过教练和场域唤起客户发现其内在的资源并带来话题之解。

“觉察”，指内醒、向内观察的能力，知道自己是谁、当下在做什么，感知自己当下的情绪、需求等。觉察的“觉”是指觉悟、清晰，例如一个人突然明白一些东西。觉察是向内的，关乎自我探索、自我觉察。

“洞察”，指对外界发生的一切，包括人的情绪、环境、氛围、人际互动气氛等外在事物观察的敏锐度。洞察，就像手里拿着一个望远镜，看向外面更广阔的世界，向外看不仅是看事，也有看人的部分，比如观察他人的情绪、意图，人与人之间发生的模式、关系、连接感等。

教练会谈普遍会实现两个核心功能：唤醒觉察和产出行动，即客户来找教练，不为寻求安慰，不为被疗愈，而是为了解决问题，寻找解脱之道。客户有一些新的看见、新的发现，无论对内、对自己的，还是对外在的人或事的，这些产出会支持客户做出一些行动，支持客户解决之前带来的课题或困扰。唤醒客户觉察的过程，好比化学反应中的结晶，晶体析出的过程就是事实逐渐清晰化的过程，觉察就是把潜意识里的内容逐渐清晰化，像析出的结晶，少且珍贵，所以在教练会谈中，珍贵的觉察非常有价值。

唤起客户的觉察与洞察，教练要支持客户跳出现状，用新的视角看待话题，支持客户重拾勇敢面对问题的信心。客户有时会被情绪左右，让思维陷入狭小的局部，教练应支持客户更全面、深入、系统地看待问题，并让客户与自己的内在连接，清晰化其觉察，进而做出选择。

教练支持客户唤起觉察的方法（包括但不限于）：教练保持好奇与同在，通过提问、反馈、回放、沉默等方式支持客户从更多角度进行探索，支持客户发现情绪、限制性信念、行为、重复的词汇等背后的发生原因，让客户连接那些未说出或不愿说出的部分。

方法层面：

- 提问、反馈、反照
- 隐喻
- 静默
- 绘画
- 改变站位
- 对比/比较
- OH卡等图片
- 身体动作/姿态
- 沙盘/玩偶模型
- 角色扮演/对话
- 请客户自问自答
- 描述画面/内视觉

重点解读“**反馈**”“**反照**”“**转换视角**”：

反馈，内容包括教练真实感受、自我经验、对客户当下状态呈现的相关性内容等，如“我刚听到您有一丝的担心，您对他有担忧，是吗？”

反照，指给客户“照镜子”，不夹带教练的系统信息，仅通过回放客户的关键词、表情、语气等将客户身上真实的发生反映出来，如“我看到您刚才说到……的时候笑了，我想知道您那边发生了什么？”可以想象这样一个场景，高山上的湖泊，非常宁静，照出湖周围景物的影子，如高山、树木、森林等。教练如果处在湖泊般宁静、平静的状态，回放客户的原话、身体姿态的变化、情绪或能量的变化等，不加教练自己的解读和语言，如同照镜子一般。如“我看到您讲到……时，右边眉毛挑动了一下，您想到了什么？”

转换视角，扩展客户的视角，邀请客户站在不同的视角（如不同时间点的自己，转换到他人、环境、物品等）、变换空间里的位置（如站到座位的后面看刚才讲话的自己）等，从不同视角看同样一件事，唤起更多新的觉察。比如，“未来成功后的您会对现在的您说什么？”“您谈到电子产品对孩子的影响，如果您孩子最喜欢的那个电子产品会说话，您觉得它会怎么看这件事？”

6.1 提出问题挑战客户的假设、引发新的洞察、唤起客户的自我觉察、获得新认知

能力描述

关键点

挑战客户的假设；引发新的洞察；唤起客户的自我觉察

1.“**挑战客户的假设**”：挑战客户假设的提问，引发新的洞察的提问，唤起客户自我觉察的提问，支持客户产出一些新的认知的提问，可能跟人有关，也可能跟所探讨的事情有关。

2.“**引发新的洞察**”：提问本身不是目的，唤醒觉察、获得新认知才是教练的主张。会谈中客户所呈现的不是偶然的发生，比如信息、内容、情绪、能量变化等，客户所呈现的可能包含客户的假设、判断、价值观、限制性信念、需求、渴望等，教练可以支持客户发现其背后尚未被发现的部分。

3.“**唤起客户的自我觉察**”：客户有时会带固有的系统看待所谈话题，挑战、引发、唤起都是对客户的固有系统进行解构的方式，就像拆解乐高玩具，把原有形态一一拆解，看到每一块零件真实的形状，才有可能重新组装，教练相信客户的内在、外在资源有利于客户自己产生新的发现、观察与认知。

案例佐证

案例1

这个案例是关于客户如何提升其作为教练时所提供的会谈效果。

教练：您根据什么感觉到不怎么样的？（*唤起客户的自我觉察*）

客户：那个问题上我还是比较困惑，如何帮助客户导向行动？当然刚才您已帮我梳理出个人做教练和在系统中做教练的不同，让我放下了对教练使命的怀疑和只有认知没有行动的纠结。

教练：此刻我有一个感觉，今天谈话中有两次您让我感觉到相似。一次是您说您需要检视点，必须用检视点问客户，您才能知道客户的改变；类似地，进行到现在了，您觉得不怎么样，我感觉因为您觉得距离您想要的清晰目标还有些困惑，所以您觉得不怎么样。这两个相似点让我听到您内心仿佛有一把尺子，您一直在用它做度量。听到我这么讲，我想知道您有什么感觉？（*唤起新的觉察*）

客户：嗯，这把尺子倒是没有，但是尺子到底意味着什么标准？是指我的一种限制性性格，还是我的一些固定认识？我很努力地看，却看不到。

教练：好的，我们不用很努力，放松就好了，很努力时大脑会变得活跃而紧张，直觉进不来。要么您帮我找到一种感觉，刚才我用尺子度量的感觉打比方，请您找到一个您觉得比较贴

切的，符合您的说法的比喻，怎么样？*（唤起客户的资源）*

客户：不用尺子，但有另外一个东西比较类似，即蝙蝠的回声定位系统。心里没谱的感觉是指使用这个系统发布出去后，返回来的结果我收不到，或是我收到的东西不清楚，跟我想的不一样。我需要定位偏差很精准，有反馈、有接收、有发送，而且是一个比较良性的信号。

教练：太好了，这个定位系统的比喻和您喜欢精准这一点，跟我们今天要探讨出“您如何能够在教练会谈里支持客户产生行动”的话题有什么联系呢？*（支持客户获得新的认知）*

客户：如果把蝙蝠吃虫子理解成一个教练会谈，虫子意味着结果，教练会谈趋向于结果导向，也就是说客户基于会谈后做了改变，有了结果点，跟我提供的教练会谈的关系是我之前的困惑点，会谈后客户发生的改变跟我所引导客户的改变有偏差，比如我想让他吃一只虫子，他却吃了别的东西，还很高兴跟我说他吃了别的东西，隔靴搔痒的感觉。

案例2

教练：刚才您说到这件事时，您说不知如何是好，现在您探索完对方的感受，您发现自己有强求他人的部分，对比这两个时间点的您，什么在起作用使得您有这些不同？*（提问，支持客户从不同时间点看自己，找到背后奏效的部分）*

客户：还是要跳出自己看问题啊。今天跟您刚开始教练会谈时我陷在自己的情绪里，跳出来后才发现自己也有要改进的地方，旁观者清。

6.2 协助扩展客户在某个话题的视角和挑战，来激发出新的可能性

能力描述

关键点

协助；挑战

这项能力是关于转换视角的，教练应支持客户在更高、更广的维度探索更多的可能性，比如从某个局限的视角跳出来，站在不同视角，看见并连接更多视角的现实、更深层原因（why）、改变的动力（how）。开放的空间可以让客户从局限中解放出来，扩展到其他视角，有助于对本人或对所带话题有新发现。

教练应相信客户有资源，相信客户的改变不可避免，理解客户的当前视角会成为客户思考的限制，比如客户的情绪、认知的局限、价值观引发的判断、信念系统的对抗等，作为伙伴，教练应支持客户在未知的、更大的空间中有更多的觉

察和改变。

1.“**协助**”：能力6.2的“**协助**”可体现在教练提问、回放、反馈等动作之中，扩展客户的觉知和挑战。“**新的可能性**”指客户在会谈结果、话题或内容上新的认知、觉察、行动规划等。

2.“**挑战**”：能力6.1的“**挑战**”是动词，是指教练挑战客户的假设；能力6.2的“**挑战**”是名词，是指客户在某个话题上的挑战，即客户遇到的困难等。

案例佐证

案例1

客户向教练提出想要在个人职业选择上能够有更加明确的目标，案例为会谈内容的一部分。

客户：教练，我现在很纠结，到底是选择做个人教练还是做团队教练。虽然我知道要做团队教练一定要先做好个人教练，但我还是不知道自己该如何选择。

教练：您为什么希望解决这个问题？*（教练支持客户在why的视角进行探索）*

客户：我非常看中结果的转化，个人教练我已经学了很长时间了，但是转化的结果不是很明显。现在企业对于团队教练的需要更加明确，而团队教练我又没有接触过，再去学习又要花费更多的时间、精力和金钱；据我了解，目前没有一个方向可以保证一定可以变现，就好像没有哪一所学校是专门培养老板的，培养出来就一定可以赚钱一样。

教练：我似乎听到3块内容，第一块是跟个人教练与团队教练对于企业的需求有关；第二块您会觉得继续学习需要花费更多的东西，比如时间、精力和金钱；第三块您谈到了您的顾虑，就算去花钱学了也不一定能变现，没有一个学校可以培养老板、可以保证赚钱。今天教练会谈，您最想解决的问题是哪一个？

客户：这3个问题都想解决，最想解决是否值得更多花费。

教练：如果不考虑收入的问题，您还会选择学习教练吗？*（教练支持客户站在"不考虑收入"的视角）*

客户：这是个好问题，如果不考虑收入的话，我依然会选择教练这个职业，因为教练让我每天都有成长，这种成长对我来说就是收益。经济上的收益是收获，个人成长的收益也是收获。而且我觉得个人成长的收获是我更想要的，个人成长了，其他问题就都不是问题了。*（客户聚焦外在需求的部分，教练通过提问把话题聚焦到客户自身与教练职业的连接之上，引导客户从自身的角度去看待选择）*

案例2

教练：刚才您谈了您太太和您之间的不愉快经历，您觉得您的好意不被她接受。类似的经历，当别人不接受您的好意，您感到不爽、生气，这样的事在您与其他人之间发生过吗？

（转换视角，从与太太之间的话题转到类似的与其他人之间的事件上）

客户：跟其他人也会有，工作中我给别人一个建议，对方觉得不怎么样，不采纳，我也觉得挺生气的。

教练：看起来这是一个多次发生的情况，我想请您想象一下，此刻您站在云端，从上往下看自己的这些发生，您看到了什么？*（转换视角，跳出自身，站到更高视角）*

客户：感觉我有时有点强求别人。

此案例中，教练协助客户扩展到话题里的对方视角，将自身提升至更高的直升机视角，审视客户在此时的状况，看见新的觉察。

6.3 支持客户产生可选措施，达成约定的结果

能力描述

关键点

支持客户；可选措施；达成约定的结果

能力6.3应用场景：基于客户的觉察或洞察，教练支持客

户运用其觉察和收获等产生可选措施/行动，可选措施是教练与客户共同构建的、通往会谈约定结果的可能的一个或多个路径。

1.“**支持客户**”：**如何支持客户产生**“**可选措施**”？

教练会谈过程中，当客户提供关于“事”的层面的信息时，貌似找不到“**可选措施**”，听上去也没有解决方案，可以把这个状态理解为客户的“**无**”的状态。实际上客户内在“**有**”很多资源，这些资源就像客户的盲区一样被掩盖，成为隐性存在。使客户停留在“无”状态下的大部分原因是客户自己的系统，如情绪、限制性信念、未被满足的期待等。教练支持客户从“无”到“有”（看见更多可能性与资源）的过程，其中包括唤起客户觉察与洞察、支持客户产生“可选措施”的过程。教练支持客户将**隐性部分显性化，显性部分目标化，目标部分行动化，行动部分结果化**。

“**教练支持客户产生可选措施**”，更多指的是“**目标部分行动化**”的过程。基于客户新的觉察，教练可以与客户探讨“这个新的发现和想要拿到的结果之间有怎样的关系”或者“带着这样的发现，您会做些什么来实现想要的结果”，可以通过提问的方式，还可以邀请客户唤起视觉，透过画面清晰更多可能性，比如“想象一下，有了这些发现的您，再看看想要实现的结果，您看到一幅怎样的画面？……这个画面提醒您接下来要做些什么？”等。

2. “**可选措施**”：“**可选措施**”指客户为实现会谈结果而产生的可能的解决方案、想法或行动等，可以是一个或多个。有时浮现出多个可选措施时，客户会更清晰和笃定，即思维和头脑的清晰会给客户带来更多的行动力和改变力。

具体“**可选措施**”的表现形式可能是客户的一个或多个决定、行动，也可能是灵光一现的想法如何落地，还可能是一种感受的显化，比如客户清晰了对策与选择，有了具体的行动计划，当下启发所带来的行动、情绪上的体验如何在今后工作、生活中显性化等。

当客户说出“可选措施”后，教练可以追问“还有呢”，以支持客户唤起更多可选项，直至客户说“没有了”。

“**可选措施**”服务于客户想实现的结果，而非“头脑风暴”出的无关的措施，比如客户发现自己不够自信，如果仅仅问“头脑风暴”在哪些方面可以提升其自信，客户可能会说“健身、发展某个兴趣爱好”等，而这些不在教练会谈要实现的目标和方向上，这时教练可以邀请客户回到与会谈目标相关的可选措施的探讨上。

3. “**达成约定的结果**”：“**达成约定的结果**”，能力2.2提到了对会谈目标的共识和约定，在客户说出“**可选措施**”后，可确定这些措施与此次会谈目标的联系，这些措施是否有助于实现客户期待的结果。好比教练和客户确认在会谈里共创的这些可选措施，是否为通向教练结果的道路，能否助力于“目标部分行动化，行动部分结果化”。

案例佐证

案例1

此案例的客户是一位教练，话题是他在支持客户将教练内容导向到行动上有卡点，教练目标是找到支持客户导向行动的方法。

教练：此刻我想停一下，现在您感觉怎么样？*（教练同在的呈现）*

客户：感觉距离目标很近了。

教练：如果现在我们带着这个新发现去向您想实现的结果，您觉得是时候了吗？*（教练同在的呈现）*

客户：可以。

教练：好的，我们看看怎么走向您想拿到的那个结果，也就是在未来给客户做教练时，您能如何支持客户产生行动？*（教练通过提问，支持客户思考“可选措施”是什么）*

客户：好像其中的一个就是，不要为会谈做过多设计，要把预期框架全部拆掉。第二个是允许客户所有可能性的存在，特别是行动上要有更多的可能性。

教练：您讲的这两点我感觉都是概念化的东西，今天您是想把概念化的东西带走，还是想把具体的行动带走？

客户：我想把具体的行动带走……以后教练会谈里我可以增加一个动作，也是从今天您跟我的会谈里学到的，比如您让我跳出来看这个手法，之后我产生了具体行动，我要跟客户清晰具体行动。还有一个，我之前对行动的理解是行动合约，客户说什么时候做什么事，做完事之后要发给教练，现在我觉得这个没有深层动力，只是一个表达。而我要更关注客户内在的发生，因为内在发生后可能需要很长时间才能显现出来，那我的行动是可以允许和等待客户的这样一个时间，而非要求客户在一个有限时间内去拿到什么。

此案例中，客户的可选措施与其教练目标相关。当客户提出的可选措施是概念化的内容时，教练询问客户想要带走概念化的答案还是具体化的行动，这里呈现了教练的同在，无论会谈开始还是期间、结束前，教练都要在同在状态下互动，而非单纯地以一连串顾问式提问将客户的行动具体化。

案例2

教练： 您说的我很赞同，相信别人能做出其想好的选择，相信别人有做出正确选择的能力。带着这句话，我想请您再看一下您与那位同事的冲突，您有什么新的想法吗？（*能力6.1的呈现*）

客户： 其实我可能还要跟他多沟通，多影响他……在午餐和茶歇时多跟他聊聊，讲些我的观念和正向积极的想法。

教练： 您已经在思考回到工作中要做的事情了，如午餐和茶歇时多跟他聊聊，讲些您的观念和正向积极的想法。您还有

其他想做的事吗？（*能力6.3，不仅是提问方式，教练还可以回放客户的可选措施*）

客户：多约他出来打球、吃饭……

6.4　提供相关的观察性反馈，使客户自由地选择是否就此采取行动

能力描述

关键点

相关的；观察性反馈；自由地选择

1. “**相关的**”：指与客户相关、与当下会谈里的发生相关。比如，“刚刚您谈到……行动计划时，我感觉您的表情里有一丝不确定”（对观察和感受到的客户状态的反馈）。又如，客户会谈当下的信息“前面您说小时候妈妈跟您说过一句话，让您感觉温暖。现在您说团队感受不到温暖就不肯踏实地跟您向前走……我感觉您很看重温暖这两个字，您怎么看？”

2. “**观察性反馈**”：通常包括教练观察到的客户的表情、身体动作、身体姿态变化、语音语调变化、能量变化等，也包括

客户重复性的词语和关键词，如“刚才您讲……时，我留意到您的语调上扬，感觉您的能量提升了，我想听您分享一下刚才发生了什么”。引用完形心理学，教练对客户的信息收集有3类来源：外界（与自己外在的瞬间相关联的知觉，透过五感官来呈现——视觉、听觉、触觉、嗅觉、味觉，包括看到的表情、嗅到的气味等）、内界（与自己身体内当下的瞬间关联的感觉，包括感情、情绪、身体的感觉，比如喜悦、恐惧、紧张、饿、肩膀紧张、喉咙痒等）、中界（大脑运作的部分，包括想象、思考、判断、概括、分析、计划、比较等）。这个能力的观察性反馈关乎外界的回应与反馈。

3.“**自由地选择**”：指教练提供反馈后，应支持客户自由地做出行动的选择，比如想采取的行动计划，是客户的选择而不是教练的选择，所以教练不带引导性。例如，“您讲到这个新发现时，我看到您眼里放光，很有激情的样子，您愿意为此设计什么行动来落实这个新发现呢？”

综上所述，教练通过观察性反馈的方式，唤起客户新的想法或者发现，支持客户自由地选择接下来是否规划其行动。

案例佐证

教练：您说有一个新觉察，您好像也不太理解别人，这个觉察怎么来的？

客户：我想到了每个人都会从自己的角度考虑问题，我也很少听别人的……我决定从对自己好的方面开始做，别人肯定也这么想的。

教练： 我留意到您讲这一段的语速比起初讲那个冲突事件时减慢了，同时语气里透露出肯定与确定。此刻，您愿意把这个新觉察落实到您的工作、生活中吗？

教练提供观察性反馈，支持客户感知其讲述新觉察时自身的能量状态，并邀请客户对此自由地选择是否采取行动。

6.5 通过提供“此时此地”性反馈，使用教练“自身”作为客户发展自我觉察及新认知的资源

能力描述

关键点

此时此地；教练自身；自我觉察及新认知

1. **“此时此地”**：指教练会谈当下的时间和空间里的发生，如“刚刚您说这些时我感觉您的情绪有点低落，同时我也觉得我的身体有点紧张”。

2. **“教练自身”**：指教练本人，贡献教练的真实想法、感受、心情等，促进客户的自我觉察和新认知的发生；在这个过程中，

教练需要具备勇气，如“我听您这个话感觉心里好堵，您刚才向我表达一连串的问候话语时，我感觉您像一个机关枪对着我咚咚咚地扫射，让我很难受，我很想反击”；又如“您说您10岁时就开始背负20岁的人生，听到这话，我觉得我的背好硬、好重，好像有个石头压在那里”。

3.“**自我觉察及新认知**”：指通过教练的反馈，客户对自己的觉察和对自己或外在事物的新认知，包括客户对自身模式、限制性信念、对话题产生新的理解、新的解决办法或行动计划。

案例佐证

客户：我就觉得也不是不能理解他，我只是想要让他尽量按照我的想法来。如果有别的更好的想法，只要他说出来，并且能说服我的话也可以，关键是他也没有什么好的想法。所以我就觉得特别生气。

教练：了解，我想反馈一下从开始到现在我所听到的状况，一开始我听您说不知如何是好，后来您说不爽，现在您说特别生气。您觉得是这样陆续发生的吗？

客户：没错。

教练：从开始到现在，我这边的情况是，边听您叙述我的心边往下落，越来越沉重的感觉。

客户：好像有点啊。

教练：直到您说特别生气时，我感觉心落到底了，因为听上去你们之间很难有进展，您对他的期待没有实现。您怎么看？

客户：您讲得对，我对他有一定的期待。这也不是他一方的事情，而是我有些肝火旺。

教练可以同理客户的心情，分享自身的感觉变化，支持客户从对方的视角看刚才的对话场景是如何进展的；教练再分享自己的心情和观点，直接反馈客户的卡点“对他的期待没有实现”，唤起客户对自己的觉察。

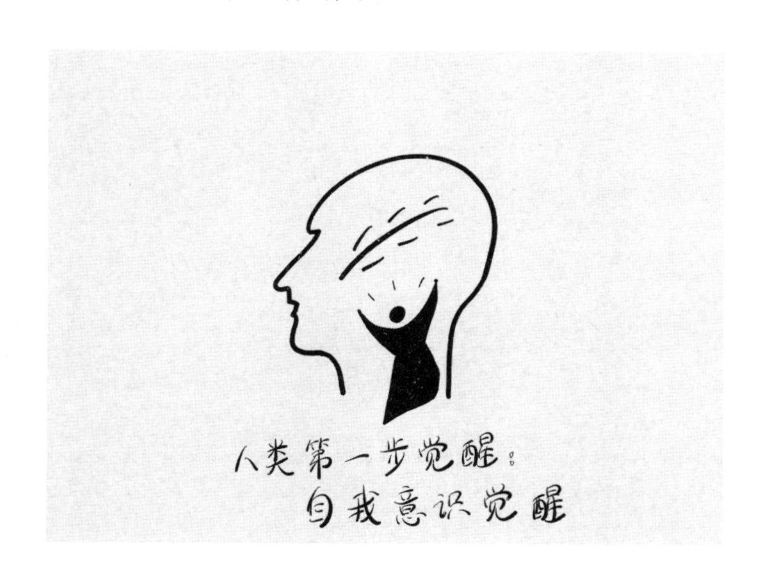

7

CHAPTER

能力 7

设计策略和行动

能力7

设计策略和行动

这项能力的关键点是“**设计**”“**策略**”和“**行动**”；是教练支持客户将会谈过程中拿到的结果行动化和结果化的过程。教练与客户一起探讨其具备的资源和可以采取的方法，所产生的“**策略**”和“**行动**”都围绕客户想要的“**会谈结果**”展开，同时也符合客户自身的风格、特点、节奏，具有行动意愿，有可衡量性和可执行性、担责性等。

“**设计**”指教练激发客户，探索和形成行动策略的过程。

“**策略**”指客户为开展行动而采取的方式和方法，具体的策略是指能够支持客户达成结果的行动及成长方向。

“**行动**”指客户为了达成目标的具体行为，包括行为动作、衡量标准、时间性等。行动是觉知加持下的自然成长，即客户有觉知的加持会促进行动自然而然地成长。比如会谈时，客户会有一些觉察，即潜意识部分在逐渐意识化，而这个意识化的种子是客户自己种下的，不是别人种下的别人的种子。那么行动就是种子种下去之后的不断地加持和照顾，因为是客户的种子，所以需要客户自己来加持和照顾。这份成长就像因和果，因是觉察出来的种子，果就是自然而然的成长。

如果客户在教练会谈里没有涉及行动，他就一定没有成长吗？不一定。有些客户虽然没有设计某些方面的具体行动，但在那个领域客户还是会成长。好比一棵树，上面的树芽、树叶和果实是人呈现的事实（fact），代表业绩行为、表现、结果等，树干是树根吸取养料和水分并输送给整个树的通道，树干是人的情绪（feel），比如状态、能量。树根是人的意图（focus），是树本身的意义所在，包括人的生命意图、价值观、内在渴望、动力等。

客户每次进入会谈时带来的话题，表现为客户本人看得见，别人也看得见的行为层面的话题，或者是想要实现的结果层面的话题。透过事实和情绪、意图等层面的探索，客户产生新觉察并通过行动去改善，这份改善会滋养和逐步完善整个系统。

比如客户带入会谈的话题（fact）是“我会打我家小孩，他不听话的时候我会打他，我不想这样做，但我控制不了自己”，会谈时客户说：“我这样做的时候，我的孩子从来没有反驳或对抗过我，他每次都沉默，而且如果他做了一些我不喜欢他做的事情，他不会说，怕我不开心，从这些方面我能感受到孩子很爱我。”客户有了这个看见，然后他会设计一些行动，改善亲子关系，改善自己的身体健康等……后来对他和他人的互动方面也有改善，比如在公司里和同事吵架这种事情也减少了等。

牵一发而动全身，这样的现象在客户的成长过程中经常出现，因为每次会谈，教练透过客户的一个果实或树枝/fact层面，探索树干/情绪状态，探索其树根/意图，支持客户连接其生命的更多部分。比如前文提到的亲子关系的课题，跟孩子的关系改善方面上，客户设计并完成了一些行动，行动后有些结果产生，可能是对事物的新认知，可能是新的信念，这些都是滋养，会支持客户从树根提取养料和水分，滋养整个树的生命，然后整个树都在自然而然地成长。

7.1 支持客户唤起策略，来达成其结果

能力描述

关键点

支持客户；唤起策略

这项能力指在教练与客户厘清现状、唤起觉察和新发现后支持客户找到通往结果的方法。

1. “**支持客户**”：是指教练通过某些方式支持客户产生策略，而非提供建议，具体方式有回放、反馈、提问、沉默等。

2. “**唤起策略**”：指教练支持客户找到能实现会谈结果的策略，包括具体的行动计划。策略可以是更大范畴的方式或方法，也可以是具体的行动计划。例如，“我们制定些什么可以实现想

要的结果？”“……您刚刚说的这些可以如何实现前面合约的结果？”

案例佐证

案例1

教练：在您刚才的描述中，我听到3次您说“我感觉”“给我的感受”和“我在想”，谈到那个画面时，您说“他讲……”我感觉您有一点为难的情绪，我想知道在跟他互动的过程中，跟您说到的这3个词之间有什么联系吗？（*教练通过回放关键词提供反馈*）

客户：我觉得是的，是会有这么一点觉得为难的情绪，为难的点是（*具体细节描述*）……

那位客户没有直接反馈在教练过程中有什么不好的地方。但是作为这个衡量项目好坏的标准肯定是要看客户三方会谈时确定的目标有没有完成，有没有向那个目标做出什么推进。所以有这个矛盾在里面。

教练：如果三方会谈时确定的目标与现在的目标有矛盾的话，您会做些什么呢？（*教练通过强有力的提问支持客户唤起策略*）

客户：三方会谈的目标是没有问题的，近期在做教练会谈的时候又确认了一次这个目标，客户都觉得没问题。但这次沟通就变得像跟客户在谈心、聊天似的。所以我觉得他在说一些细节实际上是在释放工作上的一些情绪，这个对于他实际的工

作来说我没有找到中间的联系点。所以我第一个想到的是放下我的期待吧……（*具体细节描述*）

教练：我看到一个画面啊，我想讲给您听一下，您觉得可以吗？

客户：好呀。

教练：好像您跟客户在一起，他很放松，在很舒服的状态里说着自己的感受，您也尽可能全情投入地听，但是您感到很为难，因为没有带客户走向三方会谈的目标上，我仿佛看到你们中间有一张很长的会议桌隔着，客户很放松，但您想要的样子却没有实现。这是我刚才看到的画面，不知对您有没有帮助？（*教练通过隐喻的方式支持客户进入觉察*）

客户：对，我觉得您说的最后一句特别准确，我想要的是那个样子，而客户是这个样子，所以我突然想到其实可能还会有第三种样子，我面前投射出三种样子，第一种是……第二种是……第三种是……（*省略具体细节描述*）

教练：这些让您想起什么呢？

客户：我在想有没有办法让投射出的三个影子变成一个影子。因为……（*省略具体细节描述*）

教练：说到重合后的影子，三个影子重合在一起时应该会有一个契合的点。所以这个契合点是什么呢？

客户：我觉得还是在那个目标上。

教练：我刚才听您说客户在教练会谈时显现出这种放松的状态，那客户的放松状态如何能支持您实现今天的目标？（教

练回放客户语言，支持客户拿到接下来的行动方向）

客户： 我也是刚刚想到，客户在工作中也许就是有那种情绪……*（具体说明）*所以我在想在下一次教练会谈的时候，把我的感受真实贡献出来，刚才说的这些都是我的想象和猜测，可以和客户直接交流一下我真实的想法，是不是这样。如果是的话可以帮助客户探索情绪的背后是什么，如果不是的话可有助于澄清他的目标是什么，针对我可以怎样支持到他做一个探讨。

教练： 从您刚刚的这段描述中我听到您的语速加快了，听上去也更有力量了。*（教练关注客户语速的变化，提供观察性反馈）*

客户： 是的，感觉我找到了一些方法。

教练： 那么下一次教练会谈时，您打算如何把刚才提到的这些方法实践起来，从而达成今天想要的结果？*（教练通过提问的方式支持客户产生行动，从而达成结果）*

客户： 首先，我打算先跟进一下他上次的行动计划；其次，就是把我作为教练的真实感受贡献出来，刚才和您的会谈过程中说到的内容都只是我的想象、我的猜测，下一次在会谈的时候我就可以直接把我真实的想法跟客户交流一下，看看是不是这样，如果是的话找出干扰他的情绪是什么，去探索一下，也许能够更好地帮助他完成他的目标；如果不是的话，接下来他的目标又是什么，我应该怎样支持和配合他也同样去做一下探讨。我觉得这个可能是我能够做得更直接一点的。放下期待这个事情感觉还是我的内心戏，刚刚想到的这种方式那就真的是去建立伙伴关系，把我的感受分享给客户，也看看客户的想法是怎样的，然后我们一起手拉着手继续往前走，朝着他想要的目标走。

此案例中，教练采用了多种反馈和提问的方法用以探索事件背后的关联性，支持客户唤起新发现，确定接下来的行动策略。

案例2

教练：说到要达成健康的目标，您想做哪些努力？

客户：我需要瘦20斤，这样BMI指数就在标准范围内了。体脂率也要降低5%。

教练：做到这些就能达成健康吗？

客户：我认为可以的，因为我的体检结果显示我身体的其他各项指标都是正常的，只是肥胖。

教练：那您计划多久实现体重降低20斤、体脂率降低5%的目标呢？

客户：我想用3个月的时间。

教练：您计划如何做到呢？

客户：管住嘴、迈开腿。我要控制每天的热量摄入，每餐吃七分饱，每天坚持30分钟以上的有氧运动。

教练：听上去有很具体的行动方案，还有呢？

客户：做到这些可能会瘦下来，但也不一定是健康的，我还要保证营养摄入的均衡性，每天至少吃12种食物。

此案例中，教练从客户想要的“健康的目标”着手，随着客户的意识逐步推进行动的规划，以实现客户想要的结果。

7.2 激发客户识别并落实自主导向的学习机会

能力描述

关键点

激发客户；自主导向；识别和落实

有时客户会有一些新发现或觉察，此时教练可以问客户，“是什么使得您此刻讲出了这个新发现/觉察？”客户的新发现往往在“what”层面，教练支持客户探寻冰山下面的“why”层面，可能是客户的信念、思维模式等，即找到冰山下的什么促进客户有了新发现。“why”层面的东西如果是客户本身具备的资源，一旦连接和碰触，客户就可以有意识地取用，从而持续支持客户自主导向的学习和成长。然后教练可以再询问客户：“以后碰到类似情形，您会如何运用这些已有的资源支持您持续进步？”

这项能力的关键点是“**激发客户**”“**自主导向**”“**识别**”“**落实**”。

1.“**激发客户**”：不是教练“认为”或教练引导客户，而是教练激发客户识别和落实。设计行动时，教练不是无觉知地按照职业习惯陆续发问，来引导客户设计行动策略和具体计划；而是在同在状态下深度聆听客户谈到其行动规划中的表达和未表达部分，如果有不够确定的地方，教练会邀请客户共同探索，设计出具备高执行意愿的行动计划。

教练如果不在同在状态，比如教练主观地认为并引导客户设计行动……就失去了激发客户的机会。

“**自主导向**”的学习机会，指支持客户持续学习和成长的活动，且能在客户自身已有资源范畴内扩展其认知与能力。客户已有的资源范畴包括客户的特质、优势、信念、价值观等，还包括本次会谈里支持客户拥有新发现的部分。该能力项里“学习”对应的英文是learning，而不是study，着重强调的是会谈里客户的收获或成长等。

实操要点

教练在这些方面可以作出激发性的提问，比如：

- 就像早上给孩子讲故事已经成为您的习惯，您有哪些特质或信念等可以起作用，使得您在持续前进的过程中实现这份接纳呢？
- 是什么在起作用，使得您有了您所总结出的这些进步？

- 是什么在起作用，使得您说“现在想想大概可以稍微释怀一点”？
- 今天会谈里哪些发生支持您此刻走到这个部分？
- 您说这是个意外的收获，您的哪些特质让您今天有了这个意外收获？
- 您说了两次“真的很希望”，这种“真的很希望”的感觉在多大程度上可以支持您做到这件事？

2.“**自主导向**”：指的是发自内心想做、有强烈的自我意愿要做某事，往往更有行动力，而非“他人导向”（即为满足别人的需求或想法而行动）。有时客户的行动计划并非“自主导向”，可能是听从他人的建议，或来自前辈、领导、爱人等给的压力以及生活和工作环境、社会因素等传递给他/她的想法，被动为之成为惯性，且毫无觉知。“自主导向”行动计划的成功概率较高，“他人导向”行动计划的失败概率较高。

在这么多年的教练实践中碰到过很多有“减肥”诉求的客户，有意思的是，50%的客户把“节食”列为“减肥”第一项行动，最后发现“节食”是他/她在外在压力之下做出的选择，其实他/她自己认为运动、规律作息等方式更有效，但好像身边的人都觉得肥胖是因为吃得太多，甚至是在他/她吃东西的时候，承受不了别人“异样”的眼光，更别提有人直接对他/她说：“还吃那么多啊！”重压之下，“节食”就成了第一项行动。然而在别人看不到的时候，客户吃得更多，于是减肥失败。

3.“**识别**”：指教练需要敏锐观察并支持客户发现在会谈里

谈到的有自主导向性的学习机会。

4. **“落实”**：指教练与客户探讨需要什么前提条件、哪些资源（包括人物、事件、时间、金钱、机会等），并设计具体行动规划（时间、场景、人物、行动的结果等）。落实的过程中也可以进一步识别更多学习机会，在“自主导向”性的学习机会里，客户往往会自发地讲出更多资源。

案例佐证

案例1

教练：我听到您说的提升自我能力计划中，第一项行动是一周读一本书。

客户：是的，通过读书可以增长知识和见识。

教练：我记得前面您说过，过去您读书比较少，平均一个月不到一本。我想知道，什么原因让您此刻做出一周读一本书的计划。

客户：我们公司今年也强调读书学习，从上个月开始，每天午休后老板专门给我们半个小时去读书。我自己也想每天早晚再抽半个小时来读书，这样应该差不多一个星期能读完一本书。

教练：如果公司或者您老板没有提出这个要求呢？

客户：*（沉思中）*我想我会选择先上几门网课，还有就是专注设计体验式培训产品，这是我比较喜欢做的。

教练：上网课的想法怎么产生的呢？

客户：哦，是我自己选的，早就有这个想法了，也选好了几门课程。我觉得看书比较容易累，很容易走神，上网课、看视频相对比较轻松，效率也比较高。还有就是我喜欢设计自己想要的东西，前一段时间和销售出去见客户比较多，也听到了很多客户的需求，有一些很有意思的想法，所以就有了一些设计新课程的念头。我觉得这些都能帮助我提升自己的能力。

教练：听上去您很希望提升自己的能力。

客户：嗯，一周看一本书的压力还是比较大的，也许视频学习和上网课更容易实现，也一样能增长知识，并且对于我设计课程更有帮助。不过老板的要求还是要做的，但不需要做到一周看一本书这么大的强度。

此案例中，教练向客户提问，“什么原因让您此刻做出一周读一本书的计划？”“如果公司或者您老板没有提出这个要求呢？”这两个部分是透过静默和沉思，教练激发客户去挖掘内心更有动力的部分，从而设计出自主导向的行动。

案例2

客户：觉得可能跟他没关系吧，如果他做不到的事情，那我自己去做。

教练：前面您想要拿到的结果是希望改变您跟他之间的沟通方式，可以更有效地运用到以后的工作当中。现在您说可能跟他没关系，可以由您自己来做？

客户：嗯。

教练：是什么让您有了这样一个转化？

客户：因为其实之前我要改变沟通方式，且为了达成我最初的目标，现在我既然知道了他的难处，那可能即使换了一种沟通方式或者怎么样，也无法实现最初的目标，这是很有可能的。

教练：听上去，即使改变了您跟他的沟通方式，好像也没办法怎么样，所以您确定还是由您自己来做，那么接下来您准备如何做呢？

此案例中，客户产生了与之前不同的想法，且说“那我自己去做”，这是一个自主导向的学习机会的识别和落实，教练通过激发式提问“是什么让您有了这样一个转化？”支持客户识别转化背后的想法，并通过设计行动来落实其想法。

7.3 使客户在遵循自身的行动计划及承诺时承担其责任

能力描述

关键点

使客户承担其责任；客户在遵循自身的行动计划及承诺时

为何是“客户承担责任”，而非其他人承担客户的责任（如客户的同人或教练等）呢？如果他人承担了客户在行动上的责任，那意味着教练并未真正支持到客户，就如同管理者不能替代员工成长、教练不能替代球员踢球一样的道理。

1.“**使客户承担其责任**”：即教练“**设计问责系统**”的能力，教练需要关注客户和环境的交互，支持客户综合运用其自身内部的资源和外部资源来建立行动的问责系统。比如：

- 请客户设计支持其自身的问责系统，如客户想每天早起半个小时来运动，教练可邀请客户设计自我问责制：“您自身如何能保证做到这点？”
- 请客户设计由其外在资源支持的问责系统，比如客户想每天早起半小时来运动，教练可邀请客户设计资源支持的问责制：“您有哪些资源可以支持您做到这点？”
- 支持系统除人以外也可以是场所、限制条件甚至另一个视角等。比如有的客户会说：“我就想去图书馆看书、写东西，我不能在家里面看书。”客户其实很清楚其支持系统是什么、在哪里，因此在设计策略和行动能力上，教练能唤起客户的创意，运用多方资源塑造其支持系统。

2.“**客户在遵循自身的行动计划及承诺时**”：设计问责系统时教练是否应加入客户的问责系统？我觉得教练不适合加入，因为教练最终会撤出客户的成长系统，而教练的工作信念里有一条：“客户是可以的，且其资源是原本具足的。”如果教练加入客户的问责系统，比如客户向教练定期汇报、教练作为客户行动和承诺的监督者，短期内教练能起到监督客户行动的作用，长期来看并不能真正支持到客户的自主性成长。作为伙伴关系，教练会激发客户的自我支持和自主性成长，比如问客户："您如何确保自己会行动起来？"就比"我如何知道您行动起来了？"更让客户明白他是在对自己负责而不是对教练负责。可以做更多探索性提问，比如：

- 每天陪他做一件他想做的事，您如何确保自己完成这个行动？
- 您的哪些特质、习惯等可以支持您完成这个行动？
- 在所需要的时间和过程里，您将如何跟进自己完成此行动的进度？
- 您说可行性评分是七八分，您将如何跟进自己以确保这个行动的发生？

教练与长约客户检查上次会谈的行动完成情况时，教练应接纳客户现状，无论完成情况如何，教练和客户一起探索取得进展、成功，以及拖延、失败的原因，利用进步或失败的经验展开学习，而非质询客户。教练可保持对客户的正向关注，信任客户，真正做到和客户以伙伴关系相处。

会谈里由客户承担责任时，教练要始终关注客户的目标，即由客户担责的行动和承诺与客户目标之间的关系，是否能持续支持客户向其目标前进。教练不但要询问客户行动和承诺的执行结果，也应关注执行过程给客户带来的成长和收获，以支持客户继续实现其目标。

案例佐证

客户：我觉得自己的知识面不够，接下来需要更多地去学习一些知识。

教练：哪方面的知识是您需要的？

客户：一下子我也说不上来，今天也聊得差不多了，没有时间详细探讨。

教练：好的，此刻您希望怎么办？

客户：这样吧，下周我梳理一下我想学习的知识，列个清单出来，按优先次序排列一下。下次会谈前我先发给您看看。

教练：我感受到了您对自己负责的态度。等待下次会谈前您发的清单，下次会谈时我们再探讨。本次会谈结束前我想知道，您这周将如何跟进自己完成这个清单？

客户：我会在手机上设一个闹钟，下周个案前一天的晚上提醒完成这个。

*（大约一周后，教练和客户确认下一次教练服务时间的时候，客户主动说："抱歉，那个清单我还没列出来。"教练回复："好的，下次个案我们一起讨论这件事。"）*个案开始后：

客户：老师，抱歉，那个清单我没有列出来！

教练：哦，请具体讲讲发生了什么。

客户：不是我不想列，其实我一直都想着这个事情，包括上周末在家的时候，我也一直在想这个清单的事情，但就是不知道怎么写。

教练：难点是什么？

客户：我就是觉得自己在交流和谈话过程中的用词比较欠缺，感觉就是知识面不够，一旦说到具体要学习什么知识，就觉得还是比较模糊，找不到特别详细的内容。想要自己列出来就有点困难，感觉就是比较模糊。

教练：您两次说到感觉比较模糊，我想更多地了解这个情况。

客户：嗯，就是不够清晰，我也搞不清楚欠缺哪些知识。

教练：因为要列这个清单，您发现了自己对需要学习的内容的认知还是模糊不清的，我觉得这是一个不错的发现哦！

客户：是的，之前总觉得自己要学习，但现在才发现自己连要学习什么都不知道，呵呵。

教练：因为您对自己负责才会有这样的发现！那今天您是想把这个搞清楚还是跳过它，谈个别的话题？

客户：今天，我想先搞清楚这个问题吧。

教练不作为问责的主体，而应更加关注什么样的问责系统对客户有帮助，并且还要帮助客户在问责上摆脱对教练的依赖，以支持其实现自主性成长。

7.4 鼓励客户寻求他人的支持，帮助其达成结果

能力描述

关键点

寻求他人的支持

这个能力是鼓励客户设计行动计划时建立自身以外的支持系统来帮助自己达成想要的结果。当客户建立起其支持系统，行动更具体化，可操作性、可实施性更强时，客户达成目标的信心得到增强。

支持系统分为两类，一类是客户的自我支持系统，即客户自我支持的部分，可参考能力7.2、能力8.5；另一类是能力7.4提到的除客户之外其他人的支持系统。

“**寻求他人的支持**”这个描述，可能会让人联想到“外求”，但这和“外求”不一样。“外求”是一种索取，能力7.4是建立基于他人的支持系统，可以把能力7.4看作鼓励客户与他人的一种合作和互动，过程中客户有付出、有主动性。因此，教练应鼓励客户多维度、多视角寻找可借力资源，支持客户塑造一个支持系统。当教练撤场后，客户仍然拥有一个已建立的他人支持系统，可以持续支持客户的成长和目标达成。我曾有一个客户在某次会谈时设计了行动：与一位同人分享其项目进展，

几周后，那位同人还会主动问这位客户的项目进展情况，客户虽然惊讶但也在情理之中，明白这是之前行为的正常结果，后来两人之间沟通项目成为常态，该客户的他人支持系统在教练项目期间得到建立。对此可以做探索性提问，比如：

- 您说孩子是这个行动最好的支持者，您将如何利用这个“最好的支持者”支持您达成目标？
- 您说这个行动的可行性评分是七八分，您需要哪些方面的支持来确保这个行动的发生？

案例佐证

案例1

客户：现在项目的事情太多，每一件都很重要，只能一件一件来完成，就怕时间不够用。

教练：所有的事情都必须您自己完成吗？

客户：现在只有我一个人，嗯，倒是可以把一些事情外包出去。

教练：比如说？

客户：我有朋友的工厂有采购部，我可以和他搭伙，让他们打包采购原料，对了，这样价格还更便宜，因为他们量大。嗯，这是个好方法！

教练：听起来这个资源不错，还有什么资源可以利用？

客户：除了原料采购之外，其他的没办法搭伙了，只能自己做。

教练：真的没有了？

客户：其他好像真的没有了。

客户：（沉思了一会儿）可以看看办公室同事能不能搭伙做事，呵呵，要不还是找合伙人吧！

教练：这是您突然有的想法，还是以前就考虑过？

客户：以前就考虑过，不过没有谈过，也不知道人家愿不愿意。

教练：您的意思是您心目中有目标人选？

客户：有的，想过的。××和××比较擅长做政府关系，可以选一个人来谈谈，行政管理这块也有两三个人选。

教练：他们怎么样才愿意或者能更好地支持到您？

客户：××比较看重利益，不过这个项目的利润应该挺可观的，我可以把预期收益给他看一下，我觉得应该没有问题。还有……

客户开始分析他的可用资源，最后确定了合伙制，合伙人最好不超过3个。一周后客户真的找到了一个合租办公室，利用别人的剩余空间办公的合伙人，费用预算降低一半多。

再次教练会谈时，教练通过和客户探讨之前为什么没有开拓更多资源，使客户有了建立自身支持系统的意识。

案例2

有时客户需要寻找“sponsor”，即支持者，用以跟进客户的行动。

客户：我要每天微笑，我要开心地上班。

教练：您公司里面谁可以支持到您这个行动？

客户：坐我办公室门口的小姑娘。

教练：怎么支持您呢？

客户：今天我就告诉她，“我要是今天没笑，你就提醒我”。

此案例中，客户选择了同事作为其行动的支持者。两周后，该客户与教练反馈在同事的跟进下，他的笑容明显增加了，客户本人对这个结果非常满意，并在后面的会谈里主动设计了更多新行动。

7.5 当客户尝试新的做法/行为时提供支持

能力描述

关键点

当客户尝试新的做法/行为时

这个能力的时间点是，“**当客户尝试新的做法/行为**”时。

这个能力的关键点是，此时教练为何提供支持？提供什么样的支持？怎么提供支持？

为什么客户尝试新做法或尝试新行为时，教练要提供支持呢？因为尝试意味着更多的机会和风险，需要客户有勇气和信心，因此需要教练提供支持。当客户有意愿尝试新做法或行为时，是一个很好的机会，教练和客户可以进入更深入的探讨。进入一个新尝试，会给客户带来和原来不一样的视角、思维方式甚至塑造出一个新系统，激发客户有更深层次觉察或带来更多的、新的学习与成长机会。

这个能力项呈现的是会谈当下教练提供给客户的支持，即鼓励客户去做、去行动。而非客户说到想尝试新做法时，教练机械地问“需要我做些什么？”教练的支持可以表现在激发或肯定客户勇于尝试的心态、和客户探讨新做法的利弊、支持客户决定“做/不做什么”“多做/少做什么”。关于支持性提问，有如下举例：

- 一想到马上进行这个新的尝试，您此时此刻的感受是什么？
- 您认为这个行动达成目标的可能性评分是多少？
- 如果有人阻止您尝试这个新做法，您会怎么办？
- 这个新计划可能遇到的风险或阻碍是什么？
- 您需要哪些资源和支持来提高这个新计划的成功率？
- 每天都做一次这个行动，听上去这件事以前没做过，您需要清晰哪些方面来确保它的发生？

教练怎么提供支持？教练可以通过回放客户语言、反馈、沉默、提问等方式协助客户探索新做法或行为的可行性或确定性。

案例佐证

客户：我想了一下，我觉得可以报名这个竞赛。

教练：您之前说您从没参加过这类竞赛，为什么此刻有了这个想法？

客户：之前听一些师兄师姐说起过，我就去了解了一下，我觉得可以尝试。如果参加比赛拿到名次是有积分奖励的，对考研是有很大帮助的，而且有些学校还会专门看考生有没有这方面的经验和成绩。

教练：想到要参加比赛，您感觉怎么样？

客户：我会觉得很紧张，不过是很兴奋的那种紧张，就是很想去尝试一下，特别期待有所收获。

教练：呵呵，听上去您确实有些兴奋。

客户：我问过一些师兄师姐，觉得以我的水平还是有一定的把握的。哈哈哈，我是不是有点自负？

教练：换个角度说您蛮自信的。参加比赛这个事情会占用您多长时间？*（前期和客户在谈到考研这个目标的时候，时间不够是她焦虑的主要问题）*

客户：嗯，还是需要蛮多时间来准备的，一般要提前3~4个月准备，每天要找资料、写材料，每周和指导老师汇报一次进度。哎呀，时间不够用啊，怎么办？

教练：从之前您的时间规划来看，似乎没有这么大段的时间能空出来，您看怎么办？

客户：是的，我可能要做一些取舍。

教练：取舍？

客户：（*沉默，长时间的思考*）嗯，对的，要取舍。我刚想了一下，觉得我应该退出实验室。

教练：哦，这可是您之前花了很长时间做的事情。

客户：是的，我发现就是这件事，让我花了很长时间在做我自己不擅长的事情，导致了效率低下，没有成就感。

教练：当您说出您要退出实验室的时候，我看到您长舒了一口气，您有什么感觉？

客户：是吗？哦，我突然觉得很轻松，好像卸下了一个千斤重担。

以上案例里，客户说“报名参加这个比赛”，教练邀请客户感受自己的心情，并直接反馈教练的感觉“听上去您确实有些兴奋”，进而支持到客户更深入地连接自我；客户问道“我是不是有点自负”，教练的视角感受到的是“自信”，直接反馈给客户，支持客户向前迈进；客户决定退出实验室，教练敏锐地觉察到与客户之前信息不符，并与之确认，支持客户与自我连接，感受到“轻松，好像卸下了一个千斤重担”，从而更坚定地执行其新尝试。

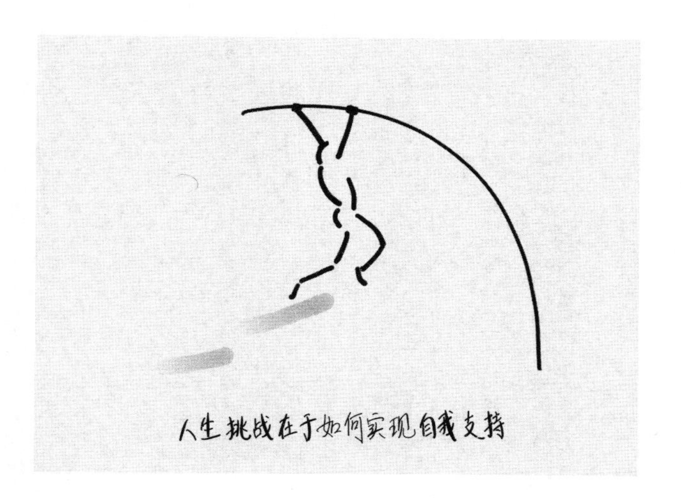
人生挑战在于如何实现自我支持

能力 8

保持前进动力和评估

能力8

保持前进动力和评估

这项能力的核心在于促进客户保持前进的动力、双方共同评估会谈目标的达成，可谓教练对话的点睛之笔，这项能力能够为教练对话创造一个水到渠成的结尾，能够帮助客户：

- 评估面向教练会谈目标取得的进展，可能是学习收获、对行动的明确或其他结果；
- 找到阻碍成功的因素，增加成功所需的支持或资源，包括设计对客户有效的问责系统；
- 让客户听到教练的支持和对他们的信心。

这项能力可支持客户评估在会谈目标方面取得的进展，比如客户的收获、对行动的明确、找到阻碍成功的因素、增加成功所需的支持或资源（包括设计对客户奏效的问责系统）、更高的清晰度等，从而明确客户“在哪儿”，对于客户明确会谈当下的时间感、空间感及自我内在与话题的探索都有支持作用。

这项能力基于教练协助客户确定的会谈目标，贯穿会谈始终，不一定只在会谈结束前进行，或者在能力7行动落地之后才体现，能力8.1至能力8.8可以在会谈进展中随时呈现，以支持客户保持前进动力，便于双方评估会谈的进展。

这项能力的核心是支持客户行动的实现和更有效的成长。能够充分展现能力8的教练是友善而坚定的，懂得顺其自然、顺势而为，教练的内心也是坚强、勇敢、有力量的。能够支持客户自然而然地成长，教练需要有同在的能力，当客户用其头脑沟通时，教练有辨识力和敏锐的感知力，并能回到客户自身的资源系统里支持客户自然而然地成长。

8.1 保持结果导向的方法

能力描述

关键点

结果导向

“**结果导向**”：是将注意力集中在如何实现想要的结果上。比如：

- 听上去肩颈瑜伽对您有效，这个对“您今天想找到关于放松的一些方法”，有什么帮助呢？
- 您说的“心理放松”很重要，那么您有哪些方法可以实现心理放松？
- 没什么任务时您感觉挺好，联系到“您今天想看看关于放松的一些方法”，您有什么发现？

教练应始终以客户期望的目标方向进行会谈。随着会谈的进行，当教练发现客户的话题有所转变时应有敏感度，向客户询问并及时确认客户想要的会谈方向或是否需要重设会谈目标。可以用探索式提问的方法，比如：

• 您刚才说有一个新发现，这个新发现如何可以支持到您今天想拿到的那个结果？

• 您说到的这个话题，我感觉跟今天会谈的目标不在一个方向上。此刻您想继续探讨这个话题，还是回到之前共识的会谈目标上？

• 谈到这里，您觉得距离今天您想得到的那个结果进展得如何？

案例佐证

教练： 谈到这里，您觉得今天会谈的目标进展得怎么样？

客户： 我觉得自己更坚定了，我知道自己之前感到困惑的原因了，这里面有我自己的原因，不能总要求别人去做些我自己都做不到的事情，不公平。

教练： 不公平，您指什么？

客户： 我曾因为“不公平感”辞职了，那时候我刚毕业两年……

教练： 我听到您讲了一个过去的事情，我想确认一下这个事情与今天的会谈目标的联系是什么？

客户：哦，联系不大，我跑题了。

教练：了解。回到您的总结，您感觉自己更坚定了，知道了之前困惑的原因来自自己。这个总结如何支持您想要耐心地教育孩子这个结果呢？

客户：我想跟家人沟通一下，他们肯定能看到我更多的原因，然后提出当我不够有耐心的时候，由他们支持和监督我……

此案例中，教练保持结果导向的提问方式，使得会谈持续朝向会谈的目标进展，支持客户聚焦目标，逐步探索出如何实现想得到的结果。

8.2　提出强有力的问题，推动客户朝着约定的结果迈进

能力描述

关键点

提出强有力的问题；朝着约定的结果迈进

强有力的问题建立在积极聆听的基础之上，要求教练“**提出的问题反映出积极聆听和对客户的理解**”。如果没有这个前提，发问就不可能推进客户的觉察并向前迈进，即推动客户从

现在的位置前往想去的地方。教练不仅重新安排或组织客户现有的想法，而且促进客户更深入、更广阔、更灵活地思考。

1. “**提出强有力的问题**”

强有力发问的基本要求：

- 清晰易懂，不复杂，不使用让客户感到困惑的教练术语，最好运用客户惯于使用的语言和词语。
- 直接、明了，不采用过多修饰的语言，不绕弯子。
- 尽量提出唤起性问题。唤起性问题可以支持客户探索自己，更好地了解自己，以拓展的方式支持客户跳出当前视角，从更广阔、更有创造力的空间或视角看当前的话题，甚至可能将客户带入全新层次的觉察和思考。教练会谈中提问越有唤起性，发问的次数就会越少。
- 一次只问一个问题。问多个问题会让客户不知道回答哪一个。
- 提问后给客户时间思考和反思。教练提出一个问题后最好的跟进方式是沉默，给客户更多空间去思考。

2. “**朝着约定的结果迈进**”

教练会谈是一个不断学习和进化的过程，教练通过提问，支持客户：

- 更广阔地思考想要的目标结果。
- 把目标结果进一步明确化或清晰界定。

- 弄清楚前进的方向，推动客户朝着约定的结果迈进。
- 唤醒客户看到自己的内在资源、可能性、自我的价值。
- 唤醒客户与内在的共鸣，自我赋能。

教练会谈是一个逐渐清晰、沉淀的过程。比如，“如果您坚持了（某个行动）三个月，会对您想要实现的放松起什么作用？”“您说肯定还有别的办法，有着肯定感觉的您，想到的办法有哪些？”

案例佐证

教练：请想象一下，您坐在电影院里，大屏幕上放映着昨天发生的事情，您注意到了什么？

客户：我看到两个人都不开心，他很委屈，我也看到了自己咆哮的样子特别丑，那不是我本来的样子。

教练：如果您是观众，您期待怎样的结局？

客户：我希望两个人都能意识到自己的不足，平静理性地沟通。我希望我是优雅的、温和的。

教练：您如何实现您希望的“优雅、温和”？

此案例中，教练支持客户跳出自身位置，从旁观者视角审视其发生和想要的结果。最后一句话也强有力地支持了客户寻找实现其希望的路径。

8.3 检查并认可客户的进步和达成

能力描述

关键点

检查；认可；进步和达成

1.“**检查**”：整个教练会谈中，教练应时时觉察客户的进展并及时予以认可，鼓励客户持续前进。教练保持着对客户无条件的正向关注，相信他们有能力取得成功，通过检查客户的进步和达成来支持一场有效的会谈。

2.“**认可**”：教练可以通过询问客户上次行动的落实情况，支持客户看见其进步；通过直接交流、回放等方法支持客户回顾其成长中的内在卡点或外在困难、取得的进步等；通过邀请客户回顾在目标、觉察和成长方面的进展，反思其进步。

3.“**进步和达成**”：教练不仅检查并认可客户的进步和达成，也可以围绕客户的进展唤起其觉察，如基于这些进展，客户对自己有哪些新的认知；什么阻碍了行动，为化解阻碍，客户将采取什么不同的行动等。

实操要点

会谈的整个过程中，教练都有机会检查并认可客户的进步和达成，不仅在会谈结束时。比如，“你已经做到这些了，听上去你蛮喜欢，证明这是适合你的方法。”“很棒，您已经做到了！”

此能力项和能力3的区别在于，能力3是关于创建信任关系，此能力是关于检查并认可客户的进步和达成，服务于保持客户前进的动力。比如，教练欣赏客户的卓越性，赞扬客户属于能力3；如果教练跟客户说“这个地方您之前有卡点，现在已经松动了，而且您自己提出改善方案了，您很了不起”，这是教练在检查并认可客户的进步，支持客户往前走，属于此能力项。

案例佐证

案例1

教练： 过去的3个月，我们进行了6次教练会谈，您觉得取得了哪些进展？

客户： 我的目标是提升对下属“传、帮、带”的能力，经过几次教练会谈，我觉察到自己对事的关注远大于对人的关注，缺少对下属的认可和鼓励。现在我每天记录下属身上的闪光点，并且在恰当的时间给予认可，而且会多花一点时间陪他们跑业务并及时给予指导。

教练： 是，我注意到您每天在朋友圈打卡，感受到您有一双发现美的眼睛，也感受到几次会谈里谈论下属时，您对下属的关注度在提高。而且我注意到在带领团队上，您更有信心了。

此案例中，教练邀请客户总结6次会谈的进展，针对客户的分享，教练提供自身视角的看见与认可。

案例2

教练：听上去您在这件事上有新的发现，请说一说您学到了什么？

客户：每个人都有人生不同的追求和价值观。如果按照个人的价值观评价他人，一味要求对方按照自己的意思去做，就会出现冲突，出现情绪的反应。所以我要看到自己固有的模式，多维度地看待问题，并且尊重他人的价值观。

教练：好棒啊，我感觉您跳出了自身视角，平和且智慧地看待与人相处的要点。我想知道这些学习结果对今天您的会谈目标起到了多大的帮助呢？

客户：非常有帮助，我知道了以后要让自己的情绪先平和下来，再和他人沟通，而且沟通时多站在他人的角度思考他人想要什么。

此案例中，教练留意到客户有新发现，邀请客户总结其学习结果，然后探索客户此处分享的学习结果对其会谈目标的作用，即学习结果如何促进其达成会谈目标。

8.4 探索什么奏效、存在什么障碍，并挑战缺乏进展的部分

能力描述

关键点

探索；奏效

1.“**探索**”：教练支持客户发现奏效的部分、内在或外在阻碍，挑战客户在教练话题或个人成长上缺乏进展的部分，如此，会让客户的进步或后续的行动更容易。客户的视角和意识的转变会带来其前进道路上的变化。

2.“**奏效**”：奏效部分是什么呢？不仅是教练做的什么事情奏效了，唤起了客户的觉察，也可能是客户自动自发地说了一些什么奏效了；也可能是教练识别出奏效部分，然后针对客户想去的教练目标方向，促进对话向前进行。有以下几个方面可以探索“奏效”。

实操要点

1.教练留意到客户语言里的奏效部分，引导向客户内在系统推进，在更深层面确定教练目标

案例1

客户：是这样的，到每年快结束的时候，我都会给自己

说“唉，今年感觉快要达成了”，每次我都会这样。其实在最近3年，有两次我的评价是全公司最高的，然后按照新的人事评价制度来说，得到两次以上全公司最高评分，肯定是会升职的。但是人事和老板就是闭口不谈这个事情，然后我也不好自己去提升职请求，我就觉得很困惑，然后感觉工作得不是很开心。

教练：嗯。您又提到了困惑这个词，刚刚说的困惑和前面提到的困惑是一样的意思吗？

客户：不太一样。

教练：嗯，这次的困惑指什么呢？

客户：之前的困惑是因为我难以抉择，难以决定到底要怎么去做，这次的困惑，是因为站在我的立场上，我不太方便去做这个事情，就会让我觉得有些困惑。

客户通过前面的描述，谈到了两个困惑，客户说它们“不太一样”，敏锐度高的教练就会发现这里有奏效部分，这时如果呈现出能力8.4，教练可以厘清：“不太一样，是什么不太一样？”也可以厘清：“听上去您难以抉择，因为您不知道对策，所以有困惑。您知道站在您的立场上您不太方便去做，这个困惑与难以抉择的困惑有什么不同？”

客户谈出两个困惑不是无缘由的，其中肯定有原因，所以请客户把背后的东西呈现出来，这是深层内容的推进，还可以再推进——两个困惑在内容上的不一样，客户背后的模式是不是也不一样。

这段对话发生在教练会谈开始后3分钟左右，还没有确定本次教练合约，如果推进到“模式”，客户本次的教练目标可能关乎“模式”，后面对话里教练支持客户释放“模式”，对话后客户回到工作、生活中，遇到各种类似的情景，自己都能举一反三，因为通过教练会谈客户的“模式”已经变化了。

2.教练提出问题，支持客户向内探索奏效部分或直接反馈其向内看的方式

案例2

客户：因为目前卡在这边，可能不光是他一个人的问题，人家都说一个巴掌拍不响，也有可能是我的方式不对。

教练：嗯，我感觉到您有一个很高的自我觉察。

这时客户有自我觉察，基于此觉察，教练可以呈现能力8.4提问：“您说也许是您的方式不对，是什么让您觉察到了这一点？”客户说：“人家都说一个巴掌拍不响”，但没说自己怎么看这个事。教练此处可以唤起客户内在的觉察，客户可能会回答是信念、价值观或自我认知等。针对这些回答，教练可以问：“基于这些，接下来的会谈，我们如何运用这些内容实现今天的教练目标？”也可以问：“基于此，您怎么看今天的教练目标？”也就是客户说出的内容可用来推进走向本次

教练目标。

此刻，呈现能力8.4教练也可以反馈："我注意到您说了这么多内容支持您觉察到自己的方式不对，听上去好像对本次教练目标的达成更有效，我希望接下来的会谈中您多采用向内看的方式来觉察自己，而不是看上级，看总经理。"因为在之前的会谈中，客户谈的大部分信息都来自上级和总经理等他人视角，此刻客户意识到"可能是我的方式不对"，其向内看的语言属于奏效部分，教练可做转化——把向内看而不向外看的方式向客户做个反馈。如果接下来的对话，客户始终向内看，实现教练目标的距离就会变短。

3. 运用客户的卓越性来支持客户

案例3

教练：您觉得我们聊到现在，跟开始时，您有什么变化吗？

客户：嗯，刚开始可能我有很多抱怨，现在开始慢慢地把方向转到我的上司那边。

教练：是，这样的变化会给今天的教练对话的目标带来什么支持？

客户：我觉得是一种更加积极的支持，让我能够站在他的视角，站在他的立场考虑。为什么他没办法那么做，也包括我之前抱怨他做不到的事情，是他真的有难处。

客户说的话中，奏效部分在于客户看见了自己的抱怨，客

户说如果站在上司的立场考虑，上司真有他的难处。此刻，教练呈现能力8.4提问："我发现，您有两点很可贵，一个是您看见自己刚开始的抱怨，我感觉支持您看见的背后是一份担责性、主动性，我不知道是不是这样？"教练和客户探索其看见自己抱怨背后的卓越性；教练也可以直接反馈，"您说站在上级立场考虑，他确实有难处，我感受到您的那份理解他人的心，还有您的体谅，都是很棒的卓越性。"然后基于此卓越性，教练可以问："您如何运用这些卓越性找到能够对今后工作有效推进的沟通方式（前面约定的教练目标）？"即运用客户的卓越性，走向教练会谈结果。

案例3续

客户：嗯，觉得可能跟他没关系吧，如果确实是他做不到的事情，那我可以自己去做。

教练：前面您想要拿到的结果是希望改变您跟他之间的沟通方式，可以更有效地运用到以后的工作当中。现在您说可能跟他没关系，是由您自己来做。

客户：嗯。

教练：是什么让您有了这样一个转化？

客户：其实之前我要改变沟通方式，是为了达成我最初的目标，现在我既然知道了他的难处，那可能就是即使换一种沟通方式或者怎么样，也无法实现这个目标，这是很有可能的。

教练：听上去，即使改变了您跟他的沟通方式，好像也没办法怎么样，比如您前面说到的跳过他卡的点，是这个意思吗？

客户：嗯。

教练：好的，那么到现在，对于您想要的这个结果，您有什么样的发现呢？

客户说的“觉得可能跟他没关系……我可以自己去做”和“教练目标改了，从有效的上级沟通方式改到了自己去做，这样一个转化”都是奏效部分，随后教练呈现出的能力8.4提问：“是什么让您有了这样一个转化？”

而之后教练的提问关于“环境改变了，或者他面对环境变了”，背后有客户系统在起作用，教练可以直接反馈：“我听到您说跳过您老板卡的点，您自己去做，我感受到您这个人担当力很强”等。然后看客户怎么回应，客户内在系统里的什么使得其做了这样一个转化。此刻教练和客户探索出奏效部分背后的系统，再往前推进。

4. 客户自动自发看见自己时，教练直接反馈和推进对话

案例4

客户：我觉得之前我的一些困惑，比如“觉得一直等不到头，等不到结果”，这种无期限的等待，其实主要原因还是在于自己没有行动，对自己没有信心。

教练： 自己没有行动，对自己没有信心？

客户： 嗯。

教练： 如果您此刻有了这份信心，您会怎么看？

客户： 如果我自己有了这个信心的话，我相信这种自信会洋溢在我的脸上，并表现在我日常的工作中，自然而然地会让别人对我刮目相看。同时也会对我的目标有比较积极的影响。

客户说到“其实主要原因还是在于自己没有行动，对自己没信心”，这个部分奏效的是什么？客户看到了他之前困惑的原因，这很棒，而且是客户自动自发看到的。如果教练呈现能力8.4，可以直接反馈：“我看到了您的进步，此时，您把您之前困惑背后的原因找到了。”

随后，推进对话时可采用以下3种提问方式。

合约式提问。“您之前对自己没有信心，现在您说自己要去做，接下来我们要探讨些什么才能找到您去做的目标？”直接约定接下来要谈的内容。

探索式提问。“之前，您看到困惑的背后是对自己没有信心，现在您想自己去做，您可以如何让自己去做？”听上去像从无到有的动作——从对自己没有信心到要自己去做，再到您如何做，直接进入探索部分。我个人喜欢第一种提问，因为客户此刻第一次冒出此念头：看见对自己没有信心，如果用第二种提问会太快进入，客户可能还没准备好。而第一种提问是我们可以在那儿等一等，就要进入一个新的阶段了，看一看接下来我们去哪几个站点，或者我们走一条什么样的路才能朝向想要的结果。

比较式提问。“刚才您说如果有老板做不到的事情，您就自己去做，那一刻我感觉您拥有自己去做的心态，能量状态也很可贵。那么您拥有自己去做的心态时，您对自己有几分的信心呢？”此时以比较式提问，教练支持客户看见自身在不同时间点的不同，如对话起初客户有困惑，自己没有信心，现在客户感觉到了，教练邀请客户回想起初对自己没有信心的状态和现在说“要自己去做”，听上去有信心的状态对比，这个信心是多少分呢？然后再基于这个信心，提问“如何实现‘自己去做’？”推进客户朝向要实现的方向。

关于“**奏效**”部分的总结：教练同在时，全然体验客户当下给的信息，同时整体性地把前面所有的发生，特别是那些奏效的部分，就像穿项链一样串起来，把对话向教练目标推进。对话空间里面的任何一个角落的信息都是有用的，因为都是客户自己的内容，所以都可用来支持客户，哪怕开口时候说的第一个语气词，可能也是客户的资源。

关于教练支持客户探索存在什么“障碍”“挑战缺乏进展”的部分，教练可以通过提问、反馈等方式支持客户去探索和挑战，包括什么可能会阻碍客户或者客户如何阻碍自己，潜在限制因素或障碍、应如何避免或应对等，都有可能支持客户增加前进的行动力。比如：

- 这个行动如果您没能坚持每天做，会是什么原因？
- 您说，如果有意外的话您可能很难完成这个行动，意外会是什么样的情况呢？
- 您说上次制定的行动规划完成的满意度您打4分，因为工作太忙忘记了2个行动。今天会谈您设计了3个行动，您如何确保不会再发生上次的情况？
- 我听您3次谈到“无法打断”客户，感觉这个限制住了您，让您很难思考出今天想得到的“如何进行一场有效会谈”这一结果，那么您将如何运用有效的“打断”来实现一场有效会谈？

案例佐证

教练：这个地方我想停一下，请问您有什么发现？

客户：我有些弱势，不能直接和勇敢地去挑战客户需要提升的地方。

教练：了解，我听到以后觉得您想更直接和勇敢地挑战客户，请问您准备如何做呢？

客户：我从客户阴影面往下走、往下切，真正对客户背后的价值观和信念保持全然的好奇心，有多少好奇心，就会有多少对这部分的反照和反馈。

教练：反照和反馈，今天您说要讨论“如何挑战和提问”。

客户：嗯。

教练： 我注意到您刚才跑题了，说到了反照和反馈能力，您是有意识地跑题还是潜意识跑题？

客户： 可能会有个感觉，想在这个地方放一放，走到后面又忘记回到这个点，过程中可能会遗漏掉重要的点。

教练： 我再重复一下前面我的疑问，我想确认刚才我问您准备如何做时，您回答了我一些关于反馈和反照的信息，然后我说您要讨论如何挑战和提问，您跑题了，您注意到了吗？

客户： 这可能是我应对挑战的模式吧，我会有意回避。

教练： 有意回避，这个发现很棒啊。这个模式如何影响了您让您没有做到直接和勇敢？

此案例中，教练留意到客户跑题了，直接给出教练反馈和确认，客户没有正面回答，教练继续同一个确认，让客户正视其模式所在，从而进入对其模式和其想实现的目标的探索。案例中特别值得表扬的是，教练示范了如何直接和勇敢地反馈和确认，因为这个正是客户想要提升的部分，教练支持客户拥有被教练时直接和勇敢地得到反馈和确认的体验，这份体验让客户切实地体会被教练时如果教练足够直接和勇敢支持客户的效果。

8.5　减少客户对教练的依赖，并发展客户的自我教练能力

能力描述

关键点

减少客户对教练的依赖；自我教练

1. **“减少客户对教练的依赖”**：基于伙伴关系，教练会给予客户全然的关注和同在，有时客户会对外在资源存在依赖，这份依赖也会投射在教练关系里。教练支持客户的成长，不仅在被教练期间，而是借由这份教练关系支持客户长期的成长，这才是教练所希望发生的。

“授人以鱼，不如授人以渔”，客户在教练的支持下逐步建立自我支持系统，比如自我觉察、探索、反思等，将会带来其持续的成长。

就像春雨过后，雨水会被保存在土壤里，会被保存在沟壑、峡谷、河床、暗流里，当需要的时候，只要树木的根足够长，就可以吸收到。打个比方，客户就像是一棵树，教练支持客户发展其自我支持的能力，使得它的根长得足够长、足够粗壮，就可以汲取到地面以下更深层的、更多的水分和养料。

客户对教练的依赖，比如客户寻求认可的语言，需要教练

给其一份肯定或者看见，可能此类客户不仅对教练呈现出依赖的惯性，其他方面也如此。教练要有敏锐的感知力，觉察到客户有对教练的依赖时，教练可以表达自己助其成长的意图以及对客户的关心，同时支持客户探索问题的卡点、寻找其内在或外在资源来解决难题。

2.“**自我教练**”：怎么发展客户的自我教练能力呢？当客户有一些新的发现或觉察时，教练可以多做一个动作，询问“是什么使得您此刻讲出了新的发现”，这时教练支持客户探索“what”层面下的“why”层面，即显露的冰山下面，答案可能是客户的信念，可能是客户的思维模式，也可能是客户创新的动作等。教练支持客户找到背后机制或者背后的东西，然后“why”层面是客户可以持续自我支持的资源，教练也可以询问客户，以后如果碰到类似的情形，客户有什么样的可能用来探索的“why”层面资源以支持其持续觉察和成长？

自我支持系统的建立，不限于使用教练技术，每个人都具备镜像学习能力，教练会谈里，客户从教练身上进行镜像学习，身体自然就会学到。同时，只要教练相信客户是有充足资源的，在觉知的状态下发展客户的自我觉察和自我教练能力，甚至保持前进动力的能力时，客户就会有所学习。双方提炼会谈里的奏效部分，也可以通过觉察、反思使其潜意识意识化，可以通过情绪、事件看到其意图。“三省吾身”，反思、反省就是人们常用的自我支持方式。比如，“您问我有什么建议，我想知道您向我寻求建议的原因……基于这个原因，您过往经历里有什么地方可以吸取经验教训，启发您找到这个问题的答案？”

案例佐证

案例1

客户：教练有没有什么方法可以解决这个问题？

教练：我可以给您几种方法，但我更想知道关于这个问题您卡在哪里，我想在这个部分支持您。

客户：卡点是……此时我有一个方法……

此案例中，客户寻求教练的建议，教练表示可以提供方法，但教练更想支持客户寻找问题的卡点。于是客户从问题卡点找到自身原因。教练继续支持客户探索其内在资源，询问今后客户如何支持自己看见卡点和方法。本案例体现了教练的价值，即不仅不做客户依赖的拐杖，还实现了协助客户建立其自我支持系统的价值。

案例2

客户：教练，我不知该怎么做，您给我一些建议吧。

教练：了解，您不知该怎么做，我想知道是什么原因让您想得到我的建议？

客户：我觉得自己没有您有经验。

教练：听起来有经验对您很重要，处理这个难题时您感觉到了经验上有所欠缺，除了我，您还有什么资源可以获得经验？

客户：我的老板，他经验很丰富。

教练：很好啊，除了您的老板，还有什么资源吗？

客户：我之前上过一门课，有这方面的资料，学员手册我还留着。

此案例中，客户寻求教练的建议，教练支持客户探索是什么原因想获得教练的建议，从原因着手探索客户的资源，建立客户的自我支持系统。以后遇到类似问题时，客户可以从其支持系统里寻找资源，锻炼其运用资源的能力，实现自我支持性成长。

8.6 检查客户应用新知识的动力

能力描述

关键点

动力

这里的“**动力**”可以理解为意愿或投入程度。

客户在教练会谈中的收获可能会提供给自身有价值的新视

角，给会谈的目标带来新思考和创造力，所以教练需要支持客户应用在教练会谈中得到的收获、学习结果。

如何检查客户应用上的动力呢？教练可以邀请客户思考在哪些方面应用其学习结果、收获，可以邀请客户思考如何利用学习结果、收获的价值。当教练询问学习结果、收获将被如何应用时，客户就开始落实其学习结果，化虚为实，增加其成长的可能性。此时教练可以进行探索性提问，比如：

- 今后您想应用此次会谈中您学到的东西的意愿有多少分？
- 基于今天您学到的部分，接下来您将做什么？
- 基于今天的收获，您将如何规划行动去实现您想要的结果？

教练可以找到一些机会发起检查，不仅可以通过提问的方式发起检查，还可以组织教练的观点和精准地反馈，在检查方面会起到共振和共创的效果。比如，有时客户主动谈到他要怎么应用本次会谈的觉察时，教练可以提供回放、确认、看见等支持方式，来保持客户前进的动力。

案例佐证

教练：您认识到好的提问能够激发下属主动性和拓展思维，这一点还可以应用在哪些方面？

客户：其实这点对教育孩子也非常重要，以往我在和孩子交流的时候，问的更多的是封闭式问题，想要引导他按照我的想法去做，这样不仅忽略了他的想法，也限制了他的创意。

教练：这是个重要的发现，您接下来打算怎么做？

客户：我想要提升自己的发问能力，多问些开放式问题，也要保证自己的中正状态。无论是和下属还是和孩子交流的时候，尽量做到先尊重他们的想法，有意控制自己多问开放式问题。

教练：您这样做的意愿度有几分？10分是非常愿意，想要立即去做，0分是压根不想做。

客户：我打10分，我想要改善和孩子的关系。

此案例中，教练推进客户应用其学习收获，支持客户探索更多方面的具体应用行动并评估其应用意愿。

8.7 衡量教练会谈的有效度

能力描述

关键点

有效度

“有效度”：指教练支持客户行动部分结果化，即会谈后，客户实施其觉察和行动，所以客户的进步、成长发生在两次会谈之间。那么，教练会谈的有效度何时衡量？会谈中，教练支持客户觉察或衡量所谈内容是否偏离会谈目标的方向等；会谈结束前，教练支持客户总结衡量会谈的有效度等。

为何要做到这个能力项？如果客户意识到教练会谈对其价值所在，客户对会谈及其规划的行动的重视都会提升，从而支持客户在会谈后持续运用自我支持力实现成长。

如何衡量“有效度”？教练可以邀请客户反思并整理会谈目标方面已经取得的进展，可以是与目标相关的思考、重拾的信心或具体的行动计划。最简单、最常用的衡量方法就是打分方面的提问。比如，“此刻，我想请您对本次会谈打一个分数，10分满分的话，您觉得会谈有效度是多少分？”

教练可以邀请客户做衡量，无论客户说了什么收获，也许是觉察、也许是行动、也许是状态的提升，只要是客户认可的，客户就可以做自我评估。

有时会出现一种有趣的现象，会谈里，教练的感觉很好，设计目标、聆听都不错，好像也找到了客户的惯性并协助客户去剥离惯性，客户却说自己感觉更混乱了。这很可能是同在状态没做好，此时可以衡量客户的混乱是什么。比如教练可以提问：“今天的对话里面哪些部分促进了这样的混乱？”这对于教练来说也是一次学习，因为厘清的混乱里面可能有客户的惯性，可以看到客户固质模式的一些信息，任何衡量结果的不一致，都是客户的成长空间，也是教练的成长空间。因为两者是伙伴关系，互相合作，可以透过衡量的动作由双方一起面对已经发生的部分，共同成长。

案例佐证

教练： 今天的谈话要结束了，此刻您感觉怎么样？

客户： 此刻感觉轻松了，过去我把工作计划和兴趣计划在记事本上用不同的颜色标注出来，总感觉它们相互争夺我的时间，相互牵制。现在感觉没必要那么严格，时间总能挤出来，做自己喜欢的事就没那么累。

教练： 我感受到您现在的状态跟会谈刚开始时比有明显的变化，感觉您更坚定也更有信心了。今天的会谈目标是在工作和兴趣爱好中找到平衡。如果打个分数对比会谈前后您的不同，您会打什么方面的分数？

客户： 有了今天的发现，我没有那么多自责感，也不会对工作焦虑太多，抱怨自己没时间做兴趣爱好了。其实所有的行为都是为了实现终极目标，也就是“实现自己的目标，并帮助到他人”。我就打力量感方面的分数吧，会谈前我没有力量，现在力量感有9分。

此案例中，会谈结束前教练询问客户的感受，邀请客户用打分制衡量会谈的有效度。

8.8 管理进展，建立担责系统

能力描述

关键点

担责系统

“**担责系统**”：基于伙伴关系，教练支持客户设计有效的问责形式和标准。教练带着好奇了解什么将帮助客户完成行动、什么样的问责方式对他们有效，把行动和管理进展的责任留给客户。

客户是问题和行动方案以及结果的主人，教练尊重客户的担责感，从而拓展其人生维度与价值。

教练协助客户建立担责系统，即明确客户会有什么样的自我跟进和监督，以确保客户完成其会谈里设计的行动，同时，为了有效管理客户的行动和成长进展，询问客户可以与谁分享其进步和结果，与哪些支持者讨论进展或障碍等。比如，“你如何确保自己做到这点？”“听上去您喜欢持续地跟进，您如何持续地跟进自己呢？”

案例佐证

教练：基于如何坚持轻断食的健康生活方式，您设定了3项具体的行动，您如何确保行动的执行和完成？

客户：按照过去的模式，我如果一个人执行行动，就比较容易放弃。但当有人一起承诺的时候，我就会坚持完成。

教练：很好啊，您了解自己的模式，那您这次打算如何确保自己会坚持完成？

客户：我会建立一个微信群，找几个朋友每天打卡。

教练：听上去是不错的支持，还有什么方式可以支持您坚持完成？

客户：我会把行动制作成卡片，贴在家里和公司，时刻提醒自己。并且告诉孩子我的计划，让她监督我。对，因为我要做她的榜样，这样我一定能完成。

此案例中，基于客户情况（如模式等），教练支持客户设计担责和支持系统，而非由教练提供一个既有担责或支持机制。

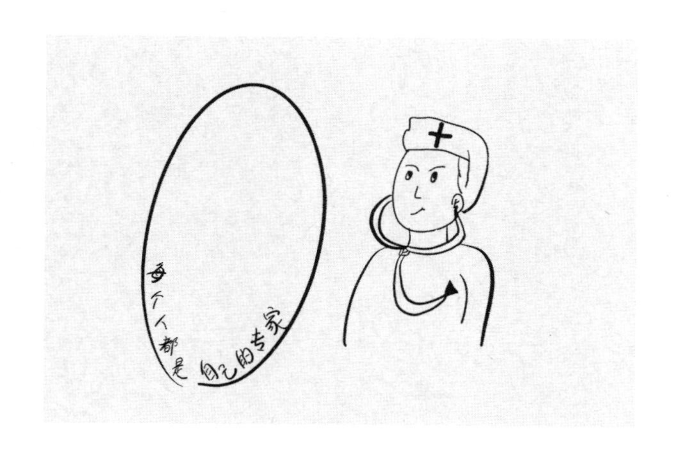

CHAPTER 9

能力 9

致力于持续的教练发展

能力9

致力于持续的教练发展

9.1　定期获取客户的反馈。

9.2　积极反思教练实践及结果。

9.3　针对自己的批判性反思和客户的反馈采取行动，来提升教练实践水平。

9.4　参与定期的教练督导来反思、提升和实践。

9.5　参与持续的专业发展活动。

教练致力于持续的专业发展，不仅确保持续的高品质的教练服务，也为职业教练自身的发展提供资源和能量，比如客户的反馈、教练本人在教练实践与结果上的反思、为提升教练实践水平所采取的行动、教练督导对话、专业发展性活动等。

一、教练持续专业发展需包含与教练有关的学习（不局限于CCF，可在任何社群、平台或机构等）。具体而言，包括“输入导向的活动”和“输出导向的活动”类型。

输入导向的活动

1. 面授或网络的课程或工作坊；

2. 面授或网络的研讨会、讲座、微信群演讲及会议；

3. 其他资格的学习（与教练有关），如文凭、CCF工作人员资格（如考官）等；

4. 书籍、线下或网络社群学习等；

5. 面授或网络的一对一或团体督导；

6. 其他。

输出导向的活动

1. 透过设计、发展及提供培训和工作坊、研讨会、教练持续专业发展活动等；

2. 在讲座、论坛及会议中进行演讲或分享；

3. 写作书、文章、论文、书评等；

4. 参与CCF的服务性工作和项目，如CCF工作人员、协助CCF的志愿者、CCF组织的配备督导的项目等；

5. 其他。

二、反思教练的持续专业发展活动时，思考以下的问题也许有帮助：

- 为什么你会选择此教练持续专业发展活动？
- 从中你学到了什么？
- 基于本次学习，你做了什么/计划要做什么？

本能力在CCF中国教练联盟的申请认证资料表2《教练持续专业发展记录（CPD）含督导记录》里呈现。

有光的地方，我心向往

其他能力

高管教练需具备的能力素质

能力 10

在组织范畴内开展工作

10.1 理解客户所在组织的范畴（例如，明晰长期愿景、使命、价值观、战略目标、市场/竞争压力等）。

10.2 理解客户在组织系统内的角色、职位和权限。

10.3 明晰组织系统内的重要关联方（内部和外部）。

10.4 校准教练服务的目标，来支持组织的宗旨及目标。

10.5 理解教练、客户和组织内部付费方之间的关系。

10.6 明晰并配合组织的价值观、政策及惯例，包括人力资源及人员政策与惯例。

10.7 采取系统性方法与客户进行教练服务，将多个关联方的复杂性、不同视角的见解、冲突优先项都纳入考量。

没有谁是一座孤岛
人们深层内在相连

能力11

理解领导力方面的问题

11.1　认识到组织的领导者所面临的挑战。

11.2　通过教练服务确定领导力行为和特质的发展方式和机会。

11.3　展示与组织领导者们共同工作的知识和经验。

11.4　使用适于客户及其组织接受和理解的语言。

11.5　建设性地挑战领导者，来提高处于组织关键领域的他/她的水准。

11.6　理解领导者的影响力范围。

能力12
以伙伴关系的方式与组织开展工作

12.1 在组织中发展相关的关系网络和战略性伙伴关系。

12.2 在组织的教练服务参数和政策下，与客户、直属上司和教练服务付费方设计出一个有效的教练服务合约、商业合约及工作同盟关系。

12.3 积极地促使重要关联方参与教练服务项目的建立、监督和评估，并信守约定的保密度。

12.4 开放、诚实地与重要关联方沟通教练服务的进度，并信守约定的保密度。

12.5 识别在个人、团队和组织层面为客户提供附加价值的方法。

能力10到能力12是在企业环境里提供高管教练服务的教练需具备的3个能力大项，不仅呈现教练的保密性、职业性，也呈现教练在组织内工作和高管教练服务方面的经验。

某些部分需要教练在高管教练项目启动前收集并了解，比如能力10.1~10.6、能力11.1、能力11.2、能力11.6、能力12.1等；某些部分需要教练在高管教练项目确定目标时进行，比如能力10.4、能力10.7、能力11.3~11.5、能力12.2、能力12.3、能力12.5等；某些部分需要教练在高管教练项目进行中具备，比如能力10.7、能力11.3~11.5，能力12.4、能力12.5等。

关于能力9到能力12中每个子能力项的解读和案例，将在本系列的后续作品中进行深入解读。

从以上能力项中可以了解到，高管教练不仅应**具备在企业环境里执业的经验和知识**（如能力10.7采取系统性方法与客户进行教练服务，将多个关联方的复杂性、不同视角的见解、冲突优先项都纳入考量），还展现出高管教练应具有**优良的个人素养与认真、严谨的职业态度**（如能力12.4开放、诚实地与重要关联方沟通教练服务的进度，并信守约定的保密度），**影响力**（如能力12.3积极地促使重要关联方参与教练服务项目的建立、监督和评估，并信守约定的保密度），**人际互动能力**（如能力11.4使用适于客户及其组织接受和理解的语言），**复杂情境里有效工作的能力**（如能力12.5识别在个人、团队和组织层面为客户提供附加价值的方法）。

以上经验与知识、工作素养与态度、能力等对接受教练服务的高管也是一种示范和影响，“生命影响生命”这个主题在教练服务里好像背景乐一般持续鸣唱，每个追求进步、成长、更大影响力和贡献的生命都可以透过教练服务得到滋养和激发。

正如地球的陆地、海洋、山脉的底层相通相连，人类的集体潜意识也相通相连；地球上没有一座孤岛，人们的心灵在底层相通，彼此照见、激发与滋养。我相信未来的中国及世界，会因为教练这份职业的加入，在一定程度上推动人类意识的进化与社会的进步。

综合案例解读

以下每个案例都节选自完整的教练会谈，时长大约为15分钟。

案例 1

……

客户：因为懒。

教练：您每次说到懒的时候，您就忍不住笑。

客户：哈哈哈……

教练：您能告诉我这是为什么吗？（*此处如果做能力5.4，比如说：“我想您探索一下，说到懒，您会笑，这是什么引发的？”*）

客户：我也不知道，呵呵呵呵……

教练：您觉得呢？

客户：我觉得什么，我也不知道啊，就自然而然地笑了。

教练：那背后的懒，是什么原因呢？（*教练呈现能力5.1*）

客户：因为做事情就是会有挑战，只是说挑战的难度系数高还是低。

教练：嗯，就是说如果遇到难度系数高的，您就会懒了，而且是情不自禁地懒。那对照那些您身边的“贵人”、效率高的人，他们是怎样对待这种难度系数高的事的？（*此处如果做能*

力5.1，举例：“您说‘对’，您想到了什么？”）

客户：就还是会去做呀不会犯懒。因为这是他要做的事情，他还是会去做，只是做的过程可能痛苦一点，或者不一定得心应手，所以可能花得时间要长一点，但是会去做，去完成它。而我可能就会往后拖，拖无可拖时再去做。

教练：OK。咱玩个游戏好吧？

（教练在此处的问题属于一个介入式问题，没有延续客户刚刚的会谈内容，而是开启了一个新的话题。如果承接客户的描述，教练可以做的动作是：

①呈现能力5.5，比如向客户提问：“对照您和他，最大的不同是什么？”

②呈现能力5.6，比如向客户提问：“听上去他和您的不同之处在于，他有要做的事，是这样吗？”或“听上去对要做的事情，你们的准备度不同，是这样吗？”

另外，“游戏”属于一种心理暗示，可以换成“让我们来做一次体验”。）

客户：嗯。

教练：您把眼睛闭上。

客户：闭上了。

教练：您想象一个人，您脑子里面觉得这个人非常优秀，您的那个“贵人”。

客户：嗯。

教练：就像您刚才说的，他能够静下心来，安排好一切。

然后遇到难度系数较高的事情的时候，他也会去做。假设您现在就是他，然后您能在他的角度思考他是怎么行事的。比如说在一个办公室里，有一大堆待办事项，他现在碰到了一个难事，他是怎么处理的？您试试说出来。*（客户未曾提到过“难”，“难”属于教练系统的东西。教练用词中的“假设”，即不是真的，潜意识处理信息没有真假）*

客户： 哈哈，可以睁开眼睛了吗？

教练： 行啊。

客户： 哈哈，我想象的是在家里。

教练： 好的。

客户： 应该还是会自己研究怎么做，然后不懂的地方可能去请教一些懂的人。当然如果自己实在解决不了，不懂的话他会去想办法弄懂，比如去请教身边的一些专家或懂的人。解决了这个，然后自己再继续完成。

教练： 嗯，研究、请教。

客户： 嗯，但是我的问题可能不是不会做，而是不愿意动脑。一动脑的时候就会比较懒惰，然后动脑的过程中，不能一下子想出来，我就会开始注意力不集中，溜号了。

教练： 嗯，您又开始笑了。*（结合客户前面提到的信息，如果呈现能力5.1，教练可以提问：“这前后两种情况，哪一个最能干扰到您？”进而可呈现能力6.1，教练可以提问：“最干扰到您的这种情况里，感觉您像什么？”）*

（此处也可呈现能力5.4，向客户确认“这个时候您笑了，

是因为您感觉到或者想到什么吗？”）

客户：嗯。

教练：那您觉得他们做那些事的时候是什么在支撑着他们再难也要做下去。（*此时教练没有保持与客户的同在，前面已经问过类似的问题“对照那些您身边的‘贵人’、效率高的人，他们是怎样对待这种难度系数高的事的？”*）

客户：我觉得这也许是一种学习习惯、工作习惯或是做事的习惯吧，就是这个事情要我来做，那不管怎样我都要去做。

教练：不管怎样都要做，那不管“怎样”呢？什么样他们都要做？（*教练呈现能力5.5，另外，此处可以给客户提供一个反馈：“您有一次提到了‘要做’，说到‘要做’的时候您有什么感受？”*）

客户：对呀，就是不论简单也好难也好，但是这个是我的工作我就得做。

教练：嗯，是“我的工作”。

客户：嗯。

教练：这个“我的工作”您是怎么理解的？（*教练呈现能力5.1*）

客户：就是这件事是我应该做的事情。

教练：嗯。这个背后的原因或动力是什么？（*教练呈现能力5.1；此处如果呈现能力5.6，可以提问：“回想起前面您说的‘懒’‘拖’，此时您说‘应该做’时，我感觉‘应该做’像您觉得应该背负的东西，您背不动，就选择先不背，于是您说自己*

‘懒’‘拖’，不知我这样讲，对您有什么帮助？”）

客户：责任。

教练：责任。嗯，还有吗？还有什么原因让他们会一如既往地做，不管是难还是容易？*（教练呈现能力5.1）*

客户：还有就是挑战吧，因为只要经历了一次，下次再做可能就会更容易一点。

教练：挑战，还有呢？*（教练呈现能力5.1）*

客户：因为谁也不可能遇到的事情都是自己很擅长的，终归会遇到自己不擅长的事情，但是做了一次就有经验了。

教练：嗯。那您自己有没有过挑战成功的经验，或者是那些看着很难的事情，到最后您竟然做成了？*（教练呈现能力7.2）*

客户：应该也有吧，但是没有印象太深刻的事。工作当中肯定有很多需要动脑子的事，你不得不做，反正后来确实做了下来。但是也没什么稀奇的，所以就没有什么深刻印象。

教练：有没有特别让您开心的那种？*（此处可呈现能力5.5，举例：“没什么稀奇，那么您想要的是什么？”）*

客户：没啥吧，除非是这件事我完成得很漂亮，我没觉得我做什么会做得这么漂亮。总归我只会觉得，我可以给自己打60分、70分、80分，但是很少有我做一件事情，让自己觉得可以打99分或100分，很少。因为我绝对不是那种能做到99分、100分的人。

教练：您对您自己的认识还是很清晰的。您不是那种好高骛远，还是很脚踏实地地做事的人。那您看他们那些人呢，就是整天都像打了鸡血的那种，他们的动力哪里来的？（“不是那种好高骛远，还是很脚踏实地地做事的人。那您看他们那些人呢，就是整天都像打了鸡血的那种”，这些都是教练内在系统的东西，此处缺少了与客户的同在，应当使用客户的关键词和语言。）

（此处如果呈现能力5.4，教练可以表达：“听上去您很清楚自己是什么样的人。”）

（此处如果呈现能力5.2，教练可以表达：“基于这份清楚，接下来我们探讨什么能支持到您提高做事效率这个会谈结果的呈现？”）

客户：他们的动力是他们的目标明确，他们知道他们想要什么。

教练：嗯。

客户：嗯。我觉得很多人其实都知道自己想要什么，但是想要什么，就是你想要的那个东西不可能马上实现，总归是有个过程，要一步一步地去做，每一步都有目标的嘛。但是他们可能有大的目标，也有小的目标，短期目标或长期目标。都可能很明确。

教练：那您呢？*（教练呈现能力5.5）*

客户：我的话，被我的“贵人”称为“没有目标之人”，哈哈。

教练：我们聊了20多分钟了，您现在有些什么新的发现吗？*（此处可做能力5.6，举例：“听上去您是很享受做这种‘没有目标之人’，是吗？”或者做能力6.1，举例：“听到您说‘被*

称为没有目标之人'时，您笑了，这个笑声的背后是什么？"）

客户：新的发现？没什么新的发现，但是就是我知道自己一直目标不明确。可能这是一个原因。他们经常说，就是因为我没有目标，所以就没有办法设置一个短期目标和具体到每一周要完成什么，或者每一天要完成什么。我是限时性事情先去完成，就是没有目标性。他们说："你得倒推，比如说你40岁想达到一个什么样的目标，那你是不是要倒推这个时间，现在你应该做些什么事情，每一天要完成什么。每个月要完成什么。因为你有目标的话，这一天可能就会比较有动力。"那这么说的话，我的拖延症归根结底还是他们说的目标的问题。

教练：那您觉得是不是呢？如果把目标问题解决的话。*（此处如果呈现能力5.1，举例："这是你的认为，还是他们的认为？""目标的问题，您指的是什么？""目标不明确导致您拖延，这里面的核心原因是什么？"）*

客户：嗯，然后他们问我为什么一直不去想一下自己的目标。可能我是比较逃避吧，因为设了目标之后我就要每天去完成一些什么事情，那可能又是源于自己的懒，或者说，我不太敢挑战这种难度。因为规定下来每天要做什么，这个事情是蛮有难度的。我就开始逃避，不想去面对这个难度。

教练：我听到您说了好几次，有2~3次，说到逃避、不敢挑战，包括您刚才说的这个日目标您都不敢挑战。那什么样的目标您可以挑战一下？*（此处如果呈现能力5.3，如"不太敢，不想去面对这个难度的您，感觉像什么？"与客户的感觉在一*

起，多体验一会儿，很多觉察、潜意识层面的信息会浮现出来。）

客户：可能难度系数没那么高的？

教练：那比如说所谓的目标，3年、5年的还是1年、2年的？有没有一些具体的，阶段的，自己可实现的，跳一跳够得着的那种目标。（*此处没有与客户同在，教练带出了自己的内在系统，“3年、5年的还是1年、2年的？……阶段的，自己可实现的，跳一跳够得着的那种”这些并不是客户的内在系统。*）

客户：那如果说够得着的，相对简单一点的，或者短期一点的目标，那应该也可以，随便打个比方，比如说这一本书你规定我在什么时间内看完，如果你不规定的话，可能今天看两页，下个礼拜看几页，进度会很慢。那你规定好，比如规定我一个月就要把这本书看完，那么我觉得难度就很小，比较容易实现，这算是一个目标吗？

教练：您说呢？（*教练呈现能力5.5*）

客户：这个目标就很小，这种目标就是不涉及未来的大方向，也不是一个很大的目标，也许这只是为了实现某个大目标去做的一个短期的、很小很小的、分支的小目标，好多个分支的小目标都达成了才能实现这个大目标。

教练：这些小目标有没有意义呢？（*此处可呈现能力5.2、能力5.4，如“听上去您对目标有自己的规划和认知，您刚才说的这些信息，对提高做事效率有什么帮助？”*）

客户：有意义。

教练：那接下来，您打算怎么做呢？怎样去应对这种……

（教练呈现能力5.2）

客户： 我又觉得如果要完成这个小目标，还有一些其他的小目标也要同时去完成，不能耽搁。但如果说那就平均一点啊，这个目标完成一点，那个目标也完成一点，这时自己可能还是会犯懒，没有办法做到同时完成几个事情，我可能还是会逃避。但如果就是先完成这个目标，之后再去完成另一个，可能会相对容易一点。

教练： 嗯。

客户： 但这样不好，我应该可以同时进行很多事情，一起前进。

教练： 您说这话的时候，您对自己的相信程度大概有多高？

客户： 相信，您指的是相信我能做到的程度还是说其他的什么？

教练： 就是您刚才在表述中一直说“还是应该”我似乎听到了好几个“应该”。*（教练有效倾听，抓住客户的关键词，做到了能力5.4）*

客户： 对，“应该”，我觉得应该几件事同时去做，同时去进步。

教练： 那您对这些您相信的“应该”，就是您所说的这些“应该”，您觉得自己可以达到的程度有多少？

客户： 50%。

教练： 不高啊。

客户： 是啊，不高，要不然早就可以每天进行了啊。

教练：那您把这“应该”去掉呢？（*换一种表达方式可以给客户更好的体验“我想邀请您试试看把‘应该’这个词去掉”。*）

客户：去掉？然后呢？

教练：改成可以试试看。（*教练可以换一种表达方式，“改成我可以……当我……的时候”，让客户关注自己能做到的、具体的事情。*）

客户：“可以试试看”啊，那是可以，但这种试试看的状态不还是无所谓做不做吗？试试看啊，那就变成自己就不做了，还是无所谓了。呵呵。

通过本案例可以看出，教练的同在状态是基础，有效的倾听可以帮助教练抓住关键词以及客户未说出的部分，澄清、区分客户的理解，有助于探索到客户的深海。本案例中，教练做得比较好的部分是，能够有效地沟通，使用直接、易懂的语言推动客户迈向约定的结果。

案例2

教练：好的，今天我们有20分钟的时间进行教练谈话。今天的教练谈话是保密的，不过今天有一个特殊情况，就是我可能会在结束之后，把这份教练录音提交到我们教练团队督导的微信群里，微信群里有30多个人，要征得您的同意，您看这个是否可以呢？（*教练呈现能力2.3的保密部分*）

客户：我这边可以的，没问题。

教练：好的，那我们今天大概只有20分钟的时间，今天您想带来的教练话题是什么？

客户：有一个问题，确实也是困扰了我一段时间了，我在这个企业有五六年了，其实对于整个公司的环境，包括各个方面也并不是非常满意，但是也是通过这5年当中自己的努力吧，得到了升职的机会，可能后期就要走到领导岗位上，这是一家国企，整个公司的制度虽然自己很不喜欢但又很难去改变，自己的内心也不愿意去接受问题。我现在一直犹豫一个问题，应不应该抓住这个机会或者应不应该走这样的道路，因为这个选择对我来说确实非常重要。（*此处如果教练呈现能力6.1，如“听上去，您比较了解自己和您目前的处境，您说的如果走上了领导岗位，就会面临一些问题，而您又不愿意接受这些问题，您犹豫，是吧，应该接受还是不应该接受这个机会？那么这个应该或不应该的衡量标准是什么？”*）

教练：那在20分钟教练谈话结束的时候，您想带走的结果是什么呢？（*教练呈现能力2.2*）

客户：用20分钟解决这个问题，我认为是不太实际的，但是我想利用这20分钟的时间得到一个答案，就是深度地觉察一下自己，到底是什么原因，我是什么样子的，包括我对于未来的方向在哪儿，能有一个初步的想法或是念头，我是这样想的。

教练：听起来您想探索的是，当下在做这样一个职业选择的时候，就像我刚刚看到的，您其实是有犹豫的，就是是否去走中层干部这条路，还是做一个其他的选择，刚刚我也有听到您说，在20分钟的时间里您想去做一下探索或者说对未来有一些觉察。

客户： 算是初步的一些想法吧，或者某些点。

教练： 那如果让您用一句话来描述的话，今天您最想带走的或者最想要的那个结果是什么呢？（*教练呈现能力2.2*）

客户： 最想要的结果……我现在是这样感觉的，我感觉自己并没有想清楚到底自己的定位是什么，包括自己现在的处境是什么，状态是什么，我其实并没有真正地认清自己，我希望通过今天的谈话，可以认识到自己现在的状态或者对自己有一个定位，其实我感觉问题是来自未来或者是确认自己的方向之后，关键是现在对于自己其实并没有非常深刻的认识。

教练： 您想去探讨一下目前自己的一个定位。

客户： 嗯。

教练： 那您觉得聊到什么样的程度，您对明确定位或者说对今天的结果就是满意的？或者说关于这个定位您可以再多说一些吗？是什么让您觉得今天要来谈这个话题？（*教练需要注意语言的简洁，一次问一个问题*）

客户： 我觉得是这样，之前的时候我也一直在想，当自己去做决定未来事情的选择的时候，我不能在做出选择这件事情之前明确我现在的方向、我的追求是什么。我现在在想，我的人生方向应该怎么去规划，包括我现在的个人追求和需求应该怎样满足，因为我似乎对当领导的权力或金钱并不是非常感兴趣，我在乎的是快乐呀，就是时刻在成长的那种快乐，现在感觉就是自己到这个位置了，也有很多现实性的因素要考虑，因为我现在有家庭，有4个老人要去赡养，但是现在我就在想自己应该去做一些牺牲，会有类似这样的想法，所以我感觉首先要认清我的问题在哪里。（*此处如果呈现能力6.1，可以问：“是什么让您感觉要认清您的问题在哪里？”*）

教练：刚才我听了您的这一段描述，最后您是想去认清楚自己或者说认清楚自己当前的定位，是这样吗？

客户：或者这样说吧，就是突然有一个答案，我好像是要搞清楚自己真正想要的是什么。（*此处如果呈现能力7.2，可以提问：“是什么让您突然想到了这个答案？”*）

教练：嗯，想要在剩下的十几分钟里，搞清楚自己真正想要的是什么，这是您想要去探索的方向，对吗？（*教练再次和客户确认本次约谈的目标*）

客户：对。

教练：好的，刚才我在您的描述当中有听到，您对中层干部的权力没有兴趣，您追求的是快乐，那我也听到了您说不忍心辜负父母的期待，对吗？

客户：第一，我比较在乎家长的一些想法，比如说，我父母可能想让我早点结婚，想让我早点工作，他们会感到很满足，我就会倾向于去满足父母的期待；第二，现在我们夫妻二人要去赡养4个老人，肯定要花费大量的人力、物力，另外，孩子读书的事情也要考虑。我觉得我是不那么在乎物质的人，我在乎的是成长的快乐，我也坚信幸福与金钱是没有关系的，但是还是要考虑现实生活的，所以，结合我现在的情况来看，我如果去做一个中层领导的话，可能是我最好的选择，因为现在的整个环境看下来，我并没有非常多的机会，可能在这个企业中能得到发展，对我来说也是非常重要的，而且在人力、人脉方面，我也没有非常多的资源，我可能更多的还是靠自己去努力。但是我现在的环境可能不允许。（*此处如果呈现能力6.1，可以提问："我听到您说做中层领导可能是您最好的选择，那这个'最好'的衡量标准是什么？"*）

教练： 我刚才提到了，就是在将来可能会有机会成为公司的管理者或者领导，还有就是您觉得真正的快乐就来自成长当中的快乐，从今天您想要探索的目标来看，这两者之间有一些什么样的关系呢？（*教练呈现能力4.2*）

客户： 其实我一直在犹豫，虽然我能说不在乎自己是否当领导者，不是因为我做领导者就不成长了，做领导者也会去成长。我的问题是，我对于我们公司的体制，包括整个的这个运营的制度，其实不是非常满意。我现在发展的方向只能是在公司发展，但是我想要的是可以有更多自己的时间，去成长，比如自己去读读书，干点自己喜欢的事情，和家人待在一起，可能是这样一些想法。我虽然也非常想成就一番事业，但是我会非常担心我的孩子，如果我当了领导，那我会失去陪伴他的时间，这是金钱买不回来的，但是我作为领导者，必须要做出一些牺牲，所以说，我在大脑中每天都在反复衡量这些。而且这个企业的整个氛围我也不太喜欢，我感觉去做领导的话我付出的太多了，得不偿失，我担心有一天会后悔，我不想因为别人说让我去当领导，我适合当领导，就去当了领导。我还是想把这件事情想得非常清楚，所以我认为它们之间的关系应该是这样的。

教练：刚才我有听到您说想要成就一番事业，我也有两次听到您提到"成长的快乐"，关于成长，在这个点上您有一些什么觉察吗？*（教练呈现能力6.1）*

客户：刚才您一提到我说"成就一番事业"，我就觉察到了，我到底要成就一番什么事业，包括我对事业的定义是什么。我突然想到我对事业的定义其实是很模糊的，我似乎想的就是自己要努力，希望周围的人变好，我成就的事业就是我想去让周围的人变得更好……

教练：我觉得特别棒，想要成就一番事业，其实是想让周围的人变得更好，学习成长也能够让您感到快乐。今天我们探讨的主题是，您想探讨自己想要的是什么，那当您刚才在描述这些的时候，您脑海里有没有一个画面，就是脑海里会有一个什么样的画面是您特别想要实现的。

客户：我突然想到了一个画面，我似乎在给很多人传授知识，很多人来找我，不是我主动去找他们，他们向我请教遇到了什么样的人，然后我通过自己的知识给他们指点迷津，让他们能够开悟。通过我的一些教学技巧，让他们在生活中不用走那么多弯路。我希望让更多的人更加快乐、幸福，让他们少走弯路，少犯错误，我希望我可以帮助他们解惑。（此处如果呈现能力5.8和能力6.1，可以问："听上去很具备知识啊，去教授别人、去解惑、去开悟，这是您的向往，您想透过别人来实现您的向往，您怎么看？"）

（此处如果呈现能力6.5，可以问："我记得前面开头您说愿意接受问题，那现在您说问题是可以避免的，听上去这两点之间是有逻辑关系的，我作为倾听者，听到的是您因为前者说您想要后者，也就是说您因为不愿意接受问题，所以您说很多问题是可以避免的，那么从我这个视角来看，我看到的是不同的，我想请您听听看，问题是敌还是友，要看您怎么用它。"）

教练：特别美好的一个画面，可以让更多的人通过您的讲授，让他们生活得更好，通过刚才您的描述，在我的脑海当中也浮现了这样一个非常美好的画面，这个画面是您想要的吗？（教练呈现能力5.6）

客户：是我想要的，我感觉这个画面非常美好，可以这样说，如果能做到这样的话，我死而无憾，我也会每天很快乐，即使没有钱或者怎么样，但是当我看到因为我的存在让别人变得更好的时候，我会感觉到非常幸福、非常开心，包括现在也是，在工作中让我帮助谁的时候，我就感觉非常高兴，就这样的感觉。

教练：我刚才听到了您想到这个画面真正实现的时候，您会感到幸福、感到开心、感到高兴、感到快乐。那么到现在，您觉得关于对今天的主题，您有一些什么样的发现吗？（教练

呈现能力6.1）

客户：我似乎特别清晰了一个点，就是我在寻找一种存在感或者说一种人生的意义，可能有点笼统，但我知道这就是我的追求，刚才说的那个画面，就是我想去达成的，而不是在官场里明争暗斗。但是我的内心好像不愿意去接受它，因为大环境就是这样，所以这时候苦恼就来了。*（此处如果呈现能力6.1，可以提问："那有什么可能，有的人没有去经过这个，但是也能够感受到这种场景，或者是说发生了什么，让有的人不必经过也能够感受到那些场景的感觉？"）*

（此处如果呈现能力6.5，可以提问："您说您不愿意接受问题，现在谈到了现实，您又说好像不愿意，您两次都这么说，而我认为现实就是现实，您怎么看？"）

教练：刚才我也听到您说自己追求的其实是一种存在感和意义，那为了实现这样的追求，您觉得当下，您可以做的是什么呢？

客户：其实这段时间我蛮开心的，这半年多我每天过得非常高兴，而且我发现了一个新大陆，一年半前接触讲书非常有收获，我听了140多本书，好像那些知识把我的大脑连在一起了，使我在学习其他东西的时候接收得非常快，而且我在这个过程中也非常的快乐。通过现在的线上学习，我感觉离那个目标越来越近。我就感觉学习可能是唯一可以让我实现梦想的机会，通过这样不断地学习，然后结合自己生活中的结论，最终找到了自己的答案，这是我现在的做法，每天不断地精进，这也让我感到很快乐。（*此处如果呈现能力6.1，教练可以提问：“我听您说，可能学习就是唯一的机会，那如果有一个人是您非常钦佩的，他此刻听到您的说法，他不认可您的这个说法，这个您很钦佩的人会说什么？”*）

教练：看您这一段分享时一直挂着笑容，就是这一段，学习了140多本书，我也感受到了您分享的这种学习成长快乐，那这种快乐跟您今天要探索的“您究竟想要的是什么”是什么样的关系？（*教练呈现能力4.2、能力8.2*）

案例3

教练：“无条件的接纳”和“没有质量的原点”，您更愿意讨论哪一个话题？

客户：其实我现在反倒觉得，练就了无条件接纳之后，可能那个情绪就不会产生了，如果你可以去接纳当下的一切，也就没有那种情绪再出现了。

教练：好的，那我想了解一下，您觉得怎样是接纳了？

客户：接纳了就是我没有去改变他的想法，有的时候看到那些情绪之所以产生，是因为现实状况与我期望的不一样。那如果我的内心不是“我有一个希望，然后你的现状是这样”，而是单纯地说现状是什么，没有一个落差，也就不会有那样的情绪了。

教练：嗯，接纳当下，就是改变对方的想法。

客户：我感觉我可能需要去尝试一下。（*此处如果呈现能力*

7.1，可以提问：“您需要在哪些方面做尝试呢？”）

教练：嗯，需要去做一些尝试。我们设想一下，当您尝试过以后，您觉得怎样的一个画面才能证明今天的尝试达到了您想要的效果？

客户：其实那件事情发生了之后，我自己反省过好长时间，我也在其他事情上做过一些补偿。比如说他早上起床晚，然后我就会用他喜欢的方式叫他起床，比如拿一本书跟他讲，妈妈给你讲个故事，然后他即使是再累，他也会揉揉惺忪的眼睛，看着我，然后我就开始讲故事；有的时候我会故意说你再不睁开眼睛，妈妈今天早上就不讲故事了，他就会起来。我会有意识地去补偿他，我觉得自己需要多一些耐心、多一些方法。这个方法试运行了一阵子之后，我发现它的效果比想象中好，这个甚至变成了我们的日常习惯，他跟他爸爸会有一个晚间故事，我和他有一个晨间故事。可能我当时想到这个方法的时候，就是内心接纳了孩子是因为没有他喜欢的方式才起床困难，而且冬天越来越冷，阻力越来越大，没有一个特别有吸引力的东西，他很难起床。然后我接纳了他的这个状态，我就去想有什么可以激励到他，就去做了这样的改变，而且效果挺好。*（此处如果呈现能力7.1，可以继续挖掘：“您如何在持续前进的过程中实现这份接纳呢？”）*

（此处如果呈现能力7.2，可以继续挖掘：“就像早上给孩子讲故事形成了习惯，您有哪些特质或信念等可以起作用，使得您在持续前进的过程中实现这份接纳呢？”）

教练：嗯，是的。所以我们说接纳，而且不仅是要找到吸引他的方法，同样我们还要给出多条可能的道路，让他自己选。

客户：对，对我自己来说我最多是给他一些建议……我刚刚脑子里突然又蹦出了另外一个想法，其实我也应该接纳我自己，不一定要强求自己一定要怎么样。我应该接纳当下自己的不完美，然后跟他一起商量，妈妈也有这些缺点，然后我们一起朝着我们想要成为的方向去努力，可能会有很大改善，对吧？（*此处如果呈现能力7.1，可以尝试探询“您如何落实您说的这个接纳不完美、朝着想要成为的方向去努力？”*）

教练：对，这时候我看到您的笑容，我有一个观察跟您分享一下，我觉得这一刻您和您自己好像走得更近了。

客户：对，是的。因为在我和教练对话之前，我在考虑我们要讨论什么话题的时候，我一直希望自己能够是他心目中的完美妈妈，可能我也一直在这样要求自己，所以当我自己没有做到，或者是周围的人对我说，你学了那么多东西怎么没见有效果，我心里会觉得特别低落，觉得这不是我想要的，也会觉得我学了这些东西却没有用起来很自责。聊了之后谈到接纳，其实本来是想全然接纳他，后来又想到其实我也应该接纳自己，我觉得已经很好了，至少从原先不知道自己有错，到现在知道自己有改善的空间，还是有一步步在提升的地方，虽然还有一些不完美，但只有这样，我们才可以持续不断地学习，才有动力再去做一些改善，我好像真的进步了。（*此处如果呈现能力7.2，可以尝试探询：“是什么在起作用，使得您有了这些*

进步？”）

教练：嗯，是的。我觉得在这个过程当中，您真的是已经做出非常非常多的思考，而且已经做出了很多努力。

客户：其实这件事情可能也发生了有一阵子了，我自己不能接受那样的一个场景，当时心里挺难过的，但现在可以稍微释怀一点了。（*此处如果出现能力 7.2，可以尝试探询：“什么在起作用，使得您‘现在想可能可以稍微释怀一点’？”*）

教练：好的，最后我们看一下，如果接下来我们确定一件事情来作为我们今天的行动计划，您觉得您会选什么行动呢？（*教练呈现能力 7.1*）

客户：我觉得是把接纳的这个行动量化。能不再用纠错的眼光去看周围的事，而是欣然地接受当下。把这些都看作礼物，只不过是长得有点丑的礼物。这样子可能我会更加以包容的心态去看发生的每一件事。这个行动如果去量化的话，就是每天陪他做一件他最想做的事。（*此处如果呈现能力 7.3，可以尝试建立监督机制，“每天陪他做一件他想做的事，您如何确保自己完成这个行动？”*）

（*此处如果呈现能力 7.5，可以深入探询：“每天都陪他做一件他想做的事，听上去这是一件以前没发生的事，您需要清晰哪些方面，来确保它的发生？”*）

教练：每天陪他做一件他最想做的事，好的。

客户：我觉得这个可以，因为小孩子总是会有源源不断的需求，可以去试试。（*此处如果呈现能力 7.3，可以提问：“即使*

您不知道他的需求，什么可以支持您每天完成这个行动？”）

教练：嗯，好的，所以一个行动是您要更欣然地接受当下，培养这样的心态；还有一个行动方向是您每天可以陪自己的孩子去做一件他想做的事。

客户：对。

教练：好的，我们确定了这两项行动后，再回到我们前面的议题，您看有没有帮到您，“就在情绪出来的一刹那，我会做到转弯、回旋”？

客户：我觉得我最开始的那个目标是遇到事情之后，去转弯、回旋，现在的方向已经比那个更进步一些，更多的是对还没有发生的事情的心态准备。可能这个心态练就了之后，就没有后面的什么事了。（*此处如果呈现能力7.2，可以继续明确：“今天会谈里哪些发生让您此刻走到这个部分？”*）

教练：嗯，好的。那要保持有一个欣然接受的心态，以及要陪伴孩子去做一件他喜欢的事情，这两个行动当中，您觉得还有谁可以支持到您？

客户：可能我只要把这个事情跟孩子一说，孩子立马就会天天盯着这件事情，还会跟我说，“妈，你那天说过的……”我觉得他是最好的支持者了，因为他最受益。（*此处如果呈现能力7.4，可以提问：“您将如何运用好这个最好的支持者呢？”*）

教练：好的，除了孩子以外，还有哪些可能是支持者呢？

客户：我先生。

教练：您先生，好的，还有吗？

客户：还有我的母亲，应该也可以。

教练：嗯，好的。我想再邀请您打个分数，您觉得这件事情自己能否完成，如果能完美地完成是10分的话，1~10分，您觉得可以打几分？

客户：可能第一件事情，就是开放的心态，我在想可能还需要一阵子的调试吧，因为那个心态如果真的能养成肯定是受益终身，但是这个肯定是需要时间的，需要一个过程，欲速则不达；但是每天陪孩子去做一件事，一件他想要我陪他做的事，我觉得这个应该是比较容易的，因为通常孩子的需求也不是多难满足。（*此处如果呈现能力7.3，可以邀请客户思考："在所需要的时间和过程里，您将如何跟进自己？"*）

教练：好的，那您会觉得如果10分是满分，1~10分，根据当下的状态您觉得能打几分呢？

客户：你是说我的完成意愿度还是？

教练：对，完成的意愿度。

客户：完成意愿度可以打10分。

教练：10分，好的，那您觉得能够实现的，可行性方面1~10分，您打几分呢？

客户：我觉得除了晚上要加班，或者有的时候时间上不凑巧，其他应该都能完成，可以打7分或8分吧，就是不加班的情况下，应该能做到。（此处如果呈现能力7.3，举例："可能性是7分或8分，您将如何跟进自己，以确保这个行动的发生？"）

（此处如果呈现能力7.4，举例："可能性是7分或8分，您

需要哪些方面的支持来确保这个行动的发生？”）

教练：好的，这些行动对您的紧迫性1~10分，您觉得是几分？

客户：紧迫性的话，我觉得这个事情是我一直也挺想做的，我会特别想去做这件事情。这个算紧迫，是吗？（*此处如果呈现能力7.2，可以探询：“什么让您一直挺想做，特别想去做，但始终没做？”）*

教练：嗯，对。

客户：那么能打9分。

教练：9分，好的，我了解了。那您看就这个话题，还有什么想聊的问题吗？

客户：没有了，其实已经有很多意外收获了。（*此处如果呈现能力7.2，可以探询：“您的哪些方面让您今天有了这些意外收获？”）*

教练：那太棒了。

附录：CCF职业教练道德守则

专业守则

专业守则分为4个部分，涵盖团体对于专业行为及操守的期望：

1. 专业用词
2. 规范服务
3. 专业行为
4. 卓越训练

1. 专业用词

1.1　每个团体将明确会员遵守此守则（以下统称为会员）。

1.2　为恰当地理解此专业守则（以下称为守则），会员应明白他们各自的专业团队的定义和专业用词，以理解本守则中所运用的关键词语的精确含义，如教练、教练服务、客户、会员、导师、督导、教练服务出资人和督导小组。

2. 规范服务

范畴

2.1　会员将竭力理解客户和教练服务出资人的期望，并就他们如何计划达成一致。

合约

2.2　在与客户合作前，会员将解释并明确阐明他们遵守此守则的承诺；会员也会令他们的客户和团体明确投诉程序。

2.3　在与客户合作前，会员将解释并努力确保客户，明白并完全理解教练服务或督导合约的性质和条款，包括财务、后勤和保密安排。

2.4　会员将开放运用的方法，并且应要求向客户教练服务出资人提供关于教练服务过程的信息。

2.5　会员将确保合约期限对于完成客户和教练服务出资人的目标是恰当的，并能积极地运作以避免客户产生依赖性。

诚实

2.6　会员将准确和诚实地向客户、教练服务出资人、教练和督导阐明其相关专业资格和认证水平。

2.7　当与任何一方交谈时，会员将准确并诚实地阐明其作为教练所提供的潜在价值。

2.8　会员会把他人的意见和材料的所有权归属原创者，并且会做出声明，请其所有权属于原创者。

保密性

2.9　在与客户合作时，除非因法律要求而需要披露信息之外，会员将对所有客户和教练服务出资人的信息，保持最严格的保密级别（有特别商定的除外）。

2.10 会员将以促进保密性、安全性和隐私性的方式保存关于客户的任何记录，包括电话和文字的沟通，并符合所有适用法律和协议。

2.11 会员将与客户和教练服务出资人之间制定清晰的协议，明确规定在何种条件下无法维持保密性（例如，违法活动、对自己或他人造成伤害等），并在可能情况下对保密性的限制达成一致。

2.12 会员将告知客户关于他们正在接受督导，并且确认客户可能会在此范畴中匿名地被提及这段督导关系，本身就是一个保密关系，客户应对此放心。

2.13 若客户为孩童或弱势成人，会员应与客户的教练服务出资人或监护人做出有关安排，确保在符合现有法律之际，同时能保护这位人士在保密性上得到最大限度的利益。

不恰当的交易

2.14 会员应负责与客户或教练服务出资人设立并保持清晰、恰当以及对文化敏锐的界限，以管理与客户或教练服务出资人在身体或其他方面的接触交往。

2.15 会员应避免与现有客户、教练服务出资人、学生或被督导者发生任何恋爱关系或性关系。此外，会员应对以上人士发生任何潜在性亲密的可能性，保持警觉并且为提供一个全面的安全环境，应采取恰当行动避免亲密行为或立即取消服务关系。

2.16 会员不能利用客户或从这段关系中谋取任何不恰当的利益、财务或非财务利益。

2.17 为避免任何利益冲突，会员会把教练服务或督导关系与其他关系形式做出区分，例如友谊或商业关系。

2.18 会员将觉察与这段合作关系可能存在的商业或个人性质的利益冲突，并且能够快速、有效地解决冲突，以确保不对客户或教练服务出资人或会员造成损害。

2.19 会员考虑到任何客户对其他客户关系的影响，并且与该些可能受影响人士讨论任何潜在的利益冲突。

2.20 会员将公开披露与客户的任何冲突，并且无法有效管理此冲突，会员将同意退出这段关系。

中止专业关系以及正在履行的职责

2.21 根据教练服务或督导服务协议条款，会员将尊重客户在过程中的任一时刻中止履行权利。

2.22 相信客户或教练服务出资人在其他教练、督导或其他助人专业团队会获得更优质的服务，会员将鼓励客户或教练服务出资人停止服务或督导服务。

2.23 会员明白在任何专业关系结束后，他们将继续履行专业职责。包括：

- 保持与客户和教练服务出资人协议保密的相关信息保密。

- 安全地保存所有相关记录和数据。
- 避免利用先前的关系，否则会对会员或专业团体的专业性或诚信造成怀疑。
- 提供所有协议的任何跟进活动。

3. 专业行为

捍卫教练服务和督导的名誉

3.1　会员的行为举止应在任何时候都能积极地反映并提升教练服务和督导的专业名誉。

3.2　会员将尊重在教练服务和督导专业的多样化、教练、导师和其他个人，并最终呈现不同的教练服务和督导方式。

确认平等性和多样性

3.3　会员将遵守他们各自团体的多样性声明及政策。

3.4　会员将避免因任何理由而故意引起的歧视，并且设法对有可能引起歧视的领域不断提升。

3.5　会员将明白潜在的无意识偏见，并且努力确保他们使用尊重和兼容方法，并避免探索个人差异。

3.6　对任何被认为引起歧视的同时，员工、教练服务提供者、客户或学员，会员将以支持性的方法接受他们。

3.7　会员在语言、讲话、文字或非言语上，注意是否有无意识的歧视。

3.8　会员将参与有可能提升他们对平等和多样性的自我醒

觉的发展活动。

违反专业行为

3.9 会员接受任何违反行为可能导致受处分，包括取消认证资格及/或团体会员会籍，团体可互相分享此违反行为的细节，以确保客户的安全利益、支持的质量标准和维持教练服务和督导的名誉。

3.10 会员将保证不在任何印刷、推广或其他材料中，做出或暗示关于其专业能力、资格或认证的虚假或误导性陈述。

3.11 当一名会员有正当理由相信另外一名会员的行为举止不道德，而无法解决此问题时，他可挑战这位会员，并向CCF认证部门（邮箱：ccfcoach@163.com）报告。

法律及法令责任与义务

3.12 在会员工作的国家，并且关于教练服务或督导范畴内的任何组织政策/程序，会员有义务去了解其最新的所有法令/法律要求并遵守规定。

3.13 会员将保存其与客户的有关合作记录确保保密性，将记录安全保存，并且遵守他们国家的法律来确保隐私。

4. 卓越训练

有执行能力

4.1 会员有资格、能力和经验以达到客户的需求，并在他的能力范围内运营，如不合适的会员应向客户推荐更具经验的或者资历上更适合的教练、督导或专家。

4.2　会员拥有足够的身体和心理健康以教练或导师身份执业，若不是或者不确定他们因健康原因而能安全地执业，他们必须寻求专业指导/支持，管理好与客户的完结工作并为其推荐其他教练或督导支持。

持续督导

4.3　会员将参与定期反思性训练，以支持他们的学习和持续专业发展。

4.4　会员将参与具资历的一对一督导或团体督导活动，此活动的参加频率应适应于他们的教练服务或教练水准的训练，以及他们的专业团队和认证水平的要求。

4.5　会员需要确保与督导的其他任何现有关系不会妨碍督导会谈的质量。

4.6　会员与其督导或督导小组讨论的道德困境以及潜在或实际违反此守则的情况以取得支持。

持续专业发展和反思

4.7　会员将定期进行反思，反思内容包括与客户的工作、教练服务合督导的训练以及他们的专业和个人

学习和发展

4.8　通过参与相关和适当数字的培训及/或持续专业发展，会员将发展他们的教练服务及/或督导能力。

4.9　会员将以许可的方式努力就适合其专长的教练服务和督导社区做出贡献，例如对教练和督导同行业提

供非官方的督导服务支持提升专业、研究和撰写报告文章等

4.10　会员将系统化地评估他们的工作素质，例如：通过客户和其他相关和方面的反馈。

图书在版编目(CIP)数据

CCF中国教练联盟核心能力解读 / FDCL五维教练团著. —北京：中国法制出版社，2021.7

ISBN 978-7-5216-2079-5

Ⅰ. ①C… Ⅱ. ①F… Ⅲ. ①计算机科学—教练员—师资培养 Ⅳ. ①TP3-05

中国版本图书馆CIP数据核字(2021)第150479号

策划编辑：潘孝莉

责任编辑：马春芳

封面设计：汪要军

CCF中国教练联盟核心能力解读

CCF ZHONGGUO JIAOLIAN LIANMENG HEXIN NENGLI JIEDU

著者 / FDCL五维教练团

经销 / 新华书店

印刷 / 三河市紫恒印装有限公司

开本 / 710毫米 × 1000毫米 16开

印张 / 16.5 字数 / 164千

版次 / 2021年7月第1版

2021年7月第1次印刷

中国法制出版社出版

书号 ISBN 978-7-5216-2079-5

定价：68.00元

北京市西城区西便门西里甲16号西便门办公区

邮政编码100053

传真：010-63141852

网址：http://www.zgfzs.com

编辑部电话：010-63141822

市场营销部电话：010-63141612

印务部电话：010-63141606